U0291497

闽南地区乡村振兴路径探索
——晋江福林实践

王量量　韩　洁　著

中国建筑工业出版社

图书在版编目（CIP）数据

闽南地区乡村振兴路径探索：晋江福林实践/王量
量，韩洁著. -- 北京：中国建筑工业出版社，2024.9.
ISBN 978-7-112-30159-1

Ⅰ. F327.575

中国国家版本馆CIP数据核字第2024474JT6号

责任编辑：率　琦
责任校对：张　颖

闽南地区乡村振兴路径探索——晋江福林实践

王量量　韩　洁　著

*

中国建筑工业出版社出版、发行（北京海淀三里河路9号）

各地新华书店、建筑书店经销

北京点击世代文化传媒有限公司制版

北京中科印刷有限公司印刷

*

开本：787毫米×1092毫米　1/16　印张：10¼　字数：218千字

2024年7月第一版　2024年7月第一次印刷

定价：98.00元

ISBN 978-7-112-30159-1

（43144）

随着我国城市化的快速推进，城乡发展的差距不断加大，乡村人口不断流失，逐渐空心化，历史建筑逐渐凋敝，成为亟待解决的问题。随着党的十九大报告中乡村振兴战略的提出，我国乡村发展迎来了新的契机，乡村振兴的路径探索也成为学界重要的研究课题。

2016年，刚刚回国任教不久的厦门大学建筑系王量量、韩洁等几位老师在下乡调研的过程中，发现了晋江福林村的历史价值，她是中国历史文化名村、中国传统村落，同时也是闽南地区著名的侨乡，有着悠久的历史。为了解决福林村发展的问题，老师们持续不断地组织学校乡村振兴团队的师生投入福林村的乡村振兴工作中，从乡村的发展规划到环境提升，从建筑遗产保护到旧建筑的活化利用，从乡村的微景观改造到数字化建设，工作内容涵盖了乡村振兴的方方面面。他们响应号召，将产学研结合到乡村振兴工作中，把学术论文写到祖国大地上，以福林村为实践场，以乡村的发展和村民的需求作为目标，不仅实现了教学科研的成果转化落地，而且造福了当地的村民。

在过去的八年中，厦门大学建筑与土木工程学院乡村振兴团队的付出与耕耘，让福林村旧貌换新颜，村中历史建筑得到保护和利用，闲置用地变成了微景观公园，外出村民逐渐返回乡村，各类活动的举办、乡村旅游的繁荣，改变了乡村空心化的现象。

乡村振兴是一项艰巨的任务，需要长期的陪伴。以王量量和韩洁两位老师为代表的厦门大学师生，依托厦门大学乡村营建社、文旅部重点实验室等平台，以广大乡村为教学和科研的实践场，探索出高校与乡村相互促进、共生共赢的方法路径。希望借助本书的出版，能够推动更多高校师生投入乡村振兴的工作，早日实现我国乡村全面现代化的宏伟目标。

王绍森

福建省建筑设计大师
当代百名中国建筑师
中国建筑教育奖获得者
厦门大学建筑与土木工程学院
教授 博士生导师
2024年夏于厦门大学曾呈奎楼

目　录

第 4 章　福林村优秀历史建筑测绘图   95

第1章 福林村传统侨乡聚落建筑文化解析

1.1 福林侨乡历史与华侨家族

1.1.1 福林村历史及侨乡发展

福林村位于福建省泉州市晋江市龙湖镇，元明时期属泉州府晋江县十七、八都檀林乡，因陈氏最早开基于山林而名"陈林"，又因檀树成片而称檀林，后因弘一法师至该村福林寺隐居而改名"福林村"。据族谱记载，檀林许氏源自瑶林一世祖爱公。唐僖宗中和年间，许爱公官居左侍御特晋银青光禄大夫兼金吾卫将军，由河南固始入闽，镇守漳泉二州，先居瑶林，后居石龟。传至许氏瑶林十三世祖帝谟，始开基檀林。及至十八世祖荣斋公之后，檀林分支繁衍形成各房份支派，至今未有大改。其间也有不少许氏宗亲迁入檀林定居，使得乡族群得以壮大。

福林村作为侨乡的历史较为悠久，有文字记载的福林乡人外迁最早可以推演至清朝康熙年间，如二十九世组许逊沁于清道光七年下南洋等。后乡人陆续迁往海外谋生，福林华侨家族不断发展壮大，及至今日，福林村乡人足迹遍及欧美澳、东南亚以及我国的港澳台等地，尤其以侨居菲律宾的人数最多，历史最为悠久，影响最大。

1.1.2 福林村华侨家族发展历程及其代表人物

宋代谢履《泉南歌》言："泉州人稠山谷瘠，虽欲就耕无地辟。州南有海浩无穷，每岁造舟通异域。"泉州地处东南沿海，自古人多地少，过剩的劳动人口导致农户无法完全依靠农业为生。自隋唐以来便有商人竞相航海，发展贸易；南宋起便不断有泉州人迁居菲律宾等地谋生。迨明、清时期，迫于苛政、匪患以及生计等原因，泉州移居海外者数量明显增多，其中以菲律宾为出洋首选地，更有华侨"牵亲引戚"而南渡，促使泉州旅居海外的华人群体不断壮大，泉州一时"侨乡"竞立。据侨汇统计可知，至新中国成立前福建地区的侨批汇款项占全国总数的19%左右，年均750多万美元，而福建侨批又以晋江居多。[1] 同时据1935年《福建省统计年鉴》统计，晋江市华侨占当时全县总人口数的10%。[2]

福林村的先祖早期以农田耕种为生。康熙二十二年（1683年）清军攻克台湾，翌年取消海禁，福林村便有不少人前往海外谋生。但由于17～18世纪清政府对海外华侨态度消极，华侨多被视为"背祖宗庐墓"的天朝弃民，无法取得合法的政治地位，部分华侨回国后甚至遭受清廷迫害，故该阶段福林村旅外人数相对较少，海外华侨与国内几无联系。直至清道光年间，中国国门打开，清政府海禁政策逐渐放开，对华侨进出国门限制未有如康乾年间严格，以许逊沁先生为代表的福林村初代华侨方开始大量前往菲律宾"拓荒"。

早期福林村华侨于海外披荆斩棘、艰苦谋生，为旅居地经济发展、社会进步作出了卓越贡献，其中部分佼佼者于海外发家致富后，仍不忘故乡根脉，助力家乡物质、精神建设以及人才培养，不断提携闾里前往海外，为福林村侨乡的形成及发展奠定坚实基础。最早前往海外的福林村华侨依靠血缘、亲缘以及地缘构建移民网络，并为后来者提供各种形式的支援，如助人钱财、代谋差事、提供住宿等。每次迁移积累的经验都成为后来者发展的资源，为以后的迁移牵线搭桥，而新的迁移又导致了网络的扩大和进一步的发展，从而推动福林村跨国移民规模不断扩大。[3] 及至 20 世纪初，福林村历经"逊、志、经、书"四辈，华侨家族不断壮大，已然发展成为晋南著名侨乡。民国时期，福林村涌现出大批爱国华侨，诸如革命家许友超，商业巨子许经权、许经撒、许经果等，他们不仅在商业上有所成就，而且在近代中国革命事业以及慈善等方面也作出了卓越贡献。时至今日，仍有一代代海内外福林华侨及其后裔秉承"早期华侨"之志，接续努力，为福林村的发展贡献力量。

福林华侨家族的海外发展历程按照时间顺序可以分为四个阶段：拓荒时期、发展时期、极盛时期以及接续发展时期。拓荒时期与发展时期分别指 19 世纪中叶以及 19 世纪末期，时间上较为接近，由于 19 世纪中叶以许逊沁先生为代表的福林村初代华侨于海外拓荒，其在国内侨乡的思想启蒙中所起的作用较为突出，故而将该时期单列为拓荒时期。

1. 拓荒时期

19 世纪中叶为福林村人前往海外"拓荒"时期，以许逊沁先生为代表的福林村第一代华侨开始前往海外谋生，在海外初步构建了福林村"移民网络"，为福林乡人在海外开基奠定基础。

许逊沁生于清嘉庆十三年戊辰（1808 年），是檀林华侨之先驱。许逊沁生于农家，年少失母，幼弟早殇，兄弟四人，逊沁居长，以务农兼营豆腐业为生。道光初年，福林一带尚少往菲者。逊沁"少时英慧，志量过人"，于道光七年（1827 年）20 岁时赤手空拳往小吕宋谋生。往菲后，辛勤劳作，历尽艰辛，白手起家，先为苦力，后经营油粮糖木等，在菲开拓创业。经过 10 多年的艰苦奋斗，许逊沁于 19 世纪中叶（1840—1850 年）成为当时菲岛侨界屈指可数的华侨工商巨子之一。他经营大规模木业、珠细里（百货商）、地产，主导了菲岛糖业，占据了内销与出口的大部分份额。

许逊沁发迹之后，仍不忘家乡故旧，提携国内亲族出国，促进乡人往菲谋生，同时为旅居海外的乡人提供力所能及的帮助。清道光三十年庚戌之夏（1850 年），出于故土深情，42 岁的许逊沁"暂别宋邦妻子，收家资数万，快舟而载，回归梓里"。回乡后在檀林大兴土木、资助家乡建设,"娶妻建业、筑大厦、创良田、移溪岸、雕神舆、作功果、兴祠字,修数十余世之谱书,造千百载不朽之浮屠。乡人皆受其惠,亲眷咸沐其恩"。同时许逊沁重视故乡教育,设书塾"绿野山房",不拒乡人,有教无类,为村中子侄扫盲,为海外事业输送人才,为福林村长久发展奠定基础。许逊沁除潜心于家乡建设事业之外,对于晋南一带之慈善事业同样慷慨解囊,诚信捐助,济贫扶危,名声遐迩。

许逊沁先生前往菲律宾的年代比其他著名侨领早数十年,是福林村早期前往菲律宾开荒拓殖之先驱。他秉承民族美德,白手起家,生财有道,创业异国,心存"乡邦",团结周助乡侨,关心乡人疾苦,身上所体现的爱国之心,是闽南一带爱国华侨的光荣传统,其于华侨史上之意义不言而喻。在许逊沁先生的促进之下,福林村乡族"亲牵亲,邻牵邻,亲牵邻,邻牵亲,敦亲睦邻,团结互助,反复提携",前往菲律宾的人数不断增加,为近代福林村侨乡的发展奠定了坚实的基础(图1-1、图1-2)。

图1-1 油画《许逊沁及其家庭成员》
(图片来源:《旅港檀林同乡会特刊》)

图1-2 许逊沁居室牌匾
(图片来源:《旅港檀林同乡会特刊》)

2. 发展时期

19世纪末,清政府被迫解除华侨出国的禁令,华侨出国"合法化",列强的入侵使国内自然经济解体,小农经济破产,而资本主义工业尚未得到发展,城市凋敝,无法容纳大量失业破产的农民,致使失地农民无以为生。同时清政府与列强签订不平等条约的赔款也转嫁到民众身上,民众压力增大。在此背景下,受迫于"天灾人祸",前往海外谋生的福林村人数量不断增多,其中以许志长先生为代表的第二代华侨以"华工"身份前往海外,艰难起家,辛勤开拓,进一步壮大了福林村的海外"移民网络"。

许志长,字心圻(1857—1917年),自幼家境清贫,早岁即越洋谋生。经多年奋斗拼搏,辛勤开拓,于菲律宾创立"泉庆烟厂有限公司",产业兴旺鼎盛,成就傲视同侨。1890年,许志长在菲律宾赚到第一桶金后就回檀林乡捐建私塾"养兰山馆",这是檀林乡第二所由华侨捐建的私塾,后作为早期檀声小学经费的主要支持者参与筹办"檀声小学"。同时,许志长恤贫扶困,从不吝啬,积善无数,光绪年间,安徽淮河水灾,饿殍遍地,许志长慷慨解囊,捐巨款赈济千万灾民。

以许志长先生为代表的第二代华侨进一步壮大了福林村的海外"移民网络",为乡人出国持续打通路线,奠定移民基础,为国内将来大规模的出国浪潮不断拓展移民资源。

3. 极盛时期

及至民国时期,经过19世纪一代华侨和二代华侨的海外拓荒,"乡人出海"已然形成较为顺畅的基本通道。依托于国家的移民策略,福林村乡人开始以"家族性迁移"的方式进行移民。同时因第一次世界大战,华侨海外资本的原始积累加快,福林村形成大规模出国浪潮,涌现出数量众多的经济实力雄厚的"华侨家族群体"。秉承早期华侨乐善好施、爱国爱乡的传统,福林村涌现出一大批"家国仁义两成"的爱国侨胞,其中以许友超、许经撇等人为代表,福林村华侨家族势力进入极盛时期。

许友超,原名许书丁,字友超。4岁时其父不幸病逝,12岁时随叔父前往菲律宾读书。后毕业辅佐叔父经营义隆木厂。其学识渊博、为人豪爽,热心公益事业,曾被推举为菲律宾华侨木商商会会长及马尼拉中华商会会长。"九一八"事变后,曾被任命为厦门市市长兼思明县县长,为我国革命事业奋斗终生。

许经权为许志长之子,天资聪颖,18岁时便任泉庆公司经理。公司在许经权的精心经营下,广开财路,信誉卓著。许经权耳濡目染,子承父志,乐意周济穷苦,乐于回馈乡里,捐巨资修葺洛阳桥和溪安公路,造福国民。

许经撇、许经果、许志瑙等华侨同样为福林村的物质建设、教育等贡献了力量。爱国乡侨许经撇1933年于福林寺右侧独资兴建一座"孝端桥",以解决行人及香客涉溪渡岸之难题;后其儿孙许家修、许自钦多次重修,乡人俗称"三代桥"。许经撇及许经果等富裕华侨为解决早期福林村购买物品不便利的问题,还集资新建通安街,发展商贸,助力了福林村近代经济的繁荣。1915年许经果联系海内外侨胞筹办檀声小学,造桥修路,招商引资,兴办教育,移风易俗。福林村的发展,正是得益于一代代华侨的努力。

4. 接续发展时期

自20世纪50年代以来,我国通过实施土地改革和农村集体化措施积极引导华侨参与扶贫工作,鼓励华侨积极参与乡村建设,旨在通过华侨的资金和技术支持、促进乡村经济的稳步发展,推动乡村产业升级。

新中国成立后,福林华侨及其后裔仍与国内福林村同胞保持紧密联系,不断通过侨汇、物资、人脉等资源的投入回馈乡里。以许书拱、许金权为代表的爱国华侨持续关注家乡教育,为檀声小学捐资助学、建设校舍;华侨许自钦先生于1994年元月捐建修建家修大道,重修福林寺清凉园围墙;许书投和许书强兄弟合资建设书投楼,等等,如此行为不胜枚举。及至现在,海内外华侨仍以资金等方式促进福林乡村振兴,借助有情怀、有见识、有意愿、有能力的乡贤力量,助力乡村建设,为福林村的"乡村振兴"带来"一池春水"。

福林村的华侨家族关系网络经四代努力,已至成熟,为福林村物质和文化层面的发展产生了不可忽视的影响。一代华侨许志长开拓海外移民通道，发家后于福林村开设私塾"绿野山房"，建设下群大厝，移溪修寺，其行为为村落后代村民出海经商和回馈乡里争做榜样；二代许志长出海拓宽海外关系网，回乡依照惯例开设私塾"养兰山馆"，修建村东厝，发展海内外侨乡势力；三代华侨在前人基础上鼎立发展，建设通安街，拓展商业，大肆兴建春晖楼、端园等中西文化交融的精致华丽番仔楼，为福林村侨乡的极盛时期；四代华侨接续发展，建祖厝，修路造桥，回馈乡里，持续产生影响（表1-1）。

福林村华侨关系网络

表1-1

福林村华侨关系网络				
海外发展时期	辈分	代表人物	突出事迹	关系备注
初代拓荒	逊	许逊沁	开设私塾"绿野山房" 建设"下群大厝" 移溪重建"福林寺"	
二代发展	志	许志长	开设私塾"养兰山馆" 筹办"檀声小学" 建设"村东厝"	
三代极盛	经	许友超	建设"春晖楼"	
		许经梨	建校架电，捐建教育基金	二代许志长长子
		许经权	建校架电	二代许志长三子
		许经撤	建设"端园" 修建"通安街" 修建"孝端桥"	二代许志长侄子
		许经果	修建通安街 筹办檀声小学	
		许志瑶	修建"檀安桥"	三房份
四代接续	书	许金权	修建"檀林通石东公路"	
		许书拱	建校架电，捐建教育基金	
		许书投	修建书投楼	与许书强为兄弟
		许书强	修建书投楼	与许书投为兄弟
		许自钦	修复孝端桥	许经撤儿孙
		许家修	修复孝端桥	许经撤儿孙

福林村的华侨家族通过血缘和地缘的关系网影响着福林村的村落建设与思想文化发展，华侨通过海外发家的雄厚资金加以西方文化的影响，逐步引领福林村建设，因而华侨村的聚落空间格局演变与传统村落自然格局演变区别明显，具有很好的研究价值。

1.2 福林村侨乡聚落空间格局与演进

1.2.1 历史沿革与村落形态演变

1. 村落溯源——15 世纪前

参考村里族谱可知，福林村地势东北部较高，西南则是平凹之地，溪流横穿。村落依据传统聚落格局选址，背山面水，左辅右弼。[4] 福林村西侧有阳溪西吴支流穿过，南临阳溪，北为后壁埔，西为鸟林山埔，东为下尾埔，（图 1-3、图 1-4）。村内民居采用晋江古民居格局，因夏秋常刮东南季风而坐东北向西南。

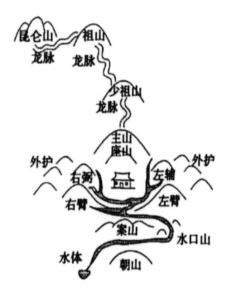

图 1-3　中国传统聚落格局图

（图片来源：王其亨 . 风水理论研究 [M].

天津：天津大学出版社，1992）

图 1-4　福林村聚落格局图

（图片来源：参考天津市城市规划研究院图纸改绘）

2. 村落开基——15 ~ 18 世纪

许氏宗祠楹联题刻记载 "酬祖宗秋尝冬蒸，序人伦左昭右穆"，檀林村开基兆始，其宗庙的排列次序遵循传统宗庙之礼，由祖祠分支出来的支房份按照父为昭子为穆、长幼辈分的昭穆秩序排序。自许氏十八世祖先荣斋公在檀林开基，荣斋为昭居东，其弟禄斋为穆居西，而荣斋后代长子为穆向西建厝，次子为昭向村东开拓，三子为穆居西，此后各分支房份的祖厅在村落空间上以相同的序列拓扑发展，分支后代基于原居住祖厝的地理方位，遵循左昭右穆序列建立分支房份的居住建筑（后为祖祠），并以祠堂和祖祠为中心向外不断拓展。

据族谱记载："最早的祖厝是十九世长房和顶三房的祖厅，它们并排坐落在古厝的旧溪旁，长房的祖厅靠西，与今之六姓府毗邻，顶三房祖厅靠东，东临今之祠堂口"。[4]
据此可以推想福林始祖最初在山坡下的溪水旁建造房屋并开垦土地农耕，而如今保存下来的只有许氏宗祠。自十八世至二十五世，福林先祖分支繁衍形成各房分支，不少许氏宗亲迁入福林村，壮大族群。明末清初，社会动荡，乡人被迫离乡背井，远涉重洋谋生。在这个时期，各房份围绕着宗祠，根据风水、长幼次序等选择不同方位的地块建造祖厅，福林村的村落空间架构由此确立（图1-5）。

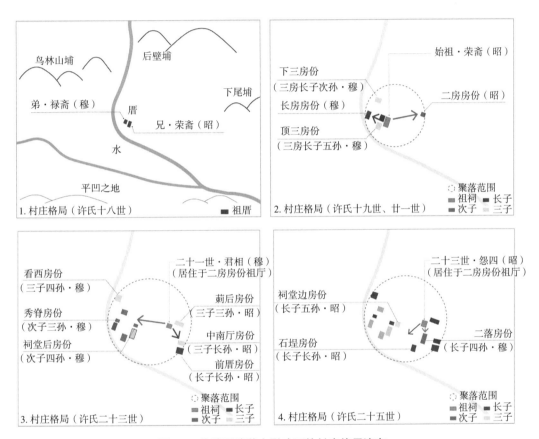

图1-5　传统昭穆秩序影响下的村庄格局演变

3. 格局确立——19世纪

到19世纪，通过乡侨捐资、汇款等，福林村建起一座座大厝，村落的空间格局因此转变为宗祠—祖厅的主要架构，大厝建筑群呈片式分布。道光三十年（1850年），华侨代表许逊沁携巨资回到家乡，遵循旧制昭穆制度于祖厝（二落房份祖厅）西侧，即宗祠附近及顶新厝区域兴建包含居住、教育、商业和祭祀功能的大厝群（当地称"下大群厝"），形成了依水扩展的"条带状"聚落基本形态。光绪年间，第二代华侨许志长在村东建造了大厝和书斋，延续条带状的聚落形态。

村内原有一条旧溪，由上游后溪及村西后塘沟两条溪汇流而成，因旧溪泥沙淤积，时常引发水灾。为此，许逊沁在同治三年（1864年）捐巨资置地移溪，将旧溪向南向西移出约100米。竣工后，新溪成为现在村内的阳溪（图1-6）。移溪后，乡人倡议重建溪尾的福林堂旧址，因此在同治五年（1866年），许逊沁捐银千两，同乡人一起重建福林堂。

图1-6　20世纪前村落布局图

4. 文化交融——1912—1949年

20世纪初，伴随大量侨批的汇入和现代性功能的传入，第三代华侨在新片区建设商业街道和西洋式红砖建筑（后称"番仔楼"），拓展形成组团式"团聚状"的聚落格局，呈现"填补式"村落演变形态[5]；在这一时期，受华侨文化的影响，福林村开始兴建西洋式红砖建筑，并于新中国成立前后呈现建设高峰期，形成了包括春晖楼在内的村落番仔楼建筑群（图1-7）。民国初期，乡侨许经撇建造了一座名闻晋南的西式洋楼——端园。民国十六年（1927年），厦鼓名绅许经果发动华侨和富庶之家投资并参与建设了福林的老街——"回"字街。当时街道建设有两种形式：一种是在市政统一规划下由经济比较富裕的家庭独资建设，这类规划建造下的房屋大多为仿西洋风格的混凝土建筑；另一种是市政募集资金统一建设，建筑是墙面红砖、屋顶杉木的砖木结构。因此福林街呈现出南洋文化与闽南文化交融的建筑风格。其间，福林堂经过重修改名为福林寺，并扩建了后殿祉园楼，同时福林村的整体范围主要向西、东两个方向拓展，在原本村落的北方开始出现少量新建民居。

图 1-7 1912—1949 年前后村落布局图

5.村落扩展——新中国成立至今

新中国成立后，由于福林村交通发展滞后，村落建设发展速度较慢。20 世纪五六十年代，村民建造房屋时多就地取材，以石材为主要建筑材料。此时福林村的番仔楼数量也在不断增加，村落逐渐呈现新建建筑围绕老建筑的分布格局。此外，村落的格局逐渐向东部和南部扩展延伸，但由于水系和道路的隔断，村子西部及南部仍未开发。

20 世纪七八十年代，福林村新增番仔楼的数量较少，新建房屋呈现"插空"建设的趋势，村落整体不断向西、北及东扩张（图 1-8）。以上现象主要受以下两个因素的影响：一是檀声小学在村北部落成，更多的乡人选择在学校周边居住；二是时逢改革开放，全国掀起了村落发展的热潮，村落多开垦荒地拓展居住片区。福林村的西北边有一片规模较大的农田，乡人选择在农田周边居住，便于农耕。20 世纪 90 年代以后，我国工业快速发展，福林村开始建厂。然而村落阳溪东北片的土地不足以建造厂房，福林村便开始跨溪发展。快速发展带来的经济水平提升使得村民们有能力建造新式洋楼，村落的规模也在这 20 多年间快速扩张（图 1-9）。与此同时，一些乡人为了追求更高品质的生活，住进了阳溪西侧建起的新村，也有部分村民选择了外出打工，这便导致村内大量民居无人居住，因未得到定期的保护修缮而破败。

由上述分析可知，在没有现代规划思想干预的情况下，华侨遵照传统昭穆秩序选址建厝。但大规模的投资建设直接影响并改变了聚落空间布局，促使村庄由以"宗祠"为中心的布局逐渐发展为"带状组团式"的布局；伴随着现代性功能的传入，村落进而演变形成集居住、教育、祭祀、商业于一体的丰富的聚落形态。2015 年，福林村参评福建省传统保护村落选拔，因其保存较好的村落传统形态受到社会各界的关注和资金投入，开启了村落保护的新篇章（图 1-10）。

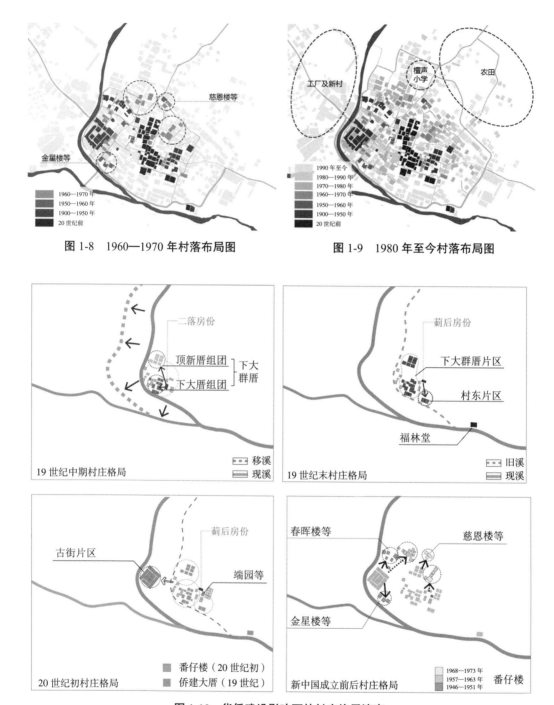

图 1-8　1960—1970 年村落布局图　　　　　　　图 1-9　1980 年至今村落布局图

图 1-10　华侨建设影响下的村庄格局演变

1.2.2　福林村侨乡聚落空间格局与演进影响因素分析

　　早期在中国传统宗族文化的影响下，福林村家族聚居的生活状态直接影响了村落最初的空间形态。后族人不断前往南洋谋生，华人华侨与家乡持续地进行经济与文化的交流融合，形成兼容并蓄的华侨文化，与宗族文化一并构成村庄独特的文化体系，宗族文化在初期极大地影响了福林村的空间形态布局，而华侨文化则在中后期快速推动村落的发展，两种因素对福林村侨乡聚落空间格局的形成及演变均有着深刻的影响。

1.宗族文化影响下的福林村落形态演变

宗族文化深深根植于福林村村民心中，影响着家族民居选址和村落规模。目前福林村还保留着过去家族分支的名称，村民主要为许氏瑶林族系，居住民居围绕大宗宗祠和小宗家族祖厅向外拓展。福林村的家族民居与"下大群厝""顶新厝"等华侨出资建设的大片传统民居群奠定了村落的基本形态。

（1）以宗祠为村落核心

从福林村村落形态的历史演变可以看出，民居以许氏宗祠为核心，形成发散状的生长脉络，这是在闽南地区浓厚的宗族文化影响下产生的结果。宗祠位于村落的中心，便于以宗亲为单位举办祭祀活动或商议族内大事。正是这种空间上的联系，使一代一代的族人维持着从古至今紧密的宗族血缘关系。

根据许氏族谱的文字记载以及实地走访，确定11个房位的祖厅位置（图1-11）。由于年代久远，一些建筑在损坏破败后，其房位的后人选择原地重建，许多房位的祖厅已经失去最原始的外观，但所在位置与最初祖厅的选址基本吻合，各房位祖厅围绕宗祠向外拓展。

图1-11 福林檀林村各主要房份祖厅分布图

（2）以祖厅为组团中心

村落内的民居建筑经历了各许氏支脉多年来一代一代的传承、翻修、重建，因此各祖厅周边的建筑与祖厅的建筑年代并不相符或是相近。通过对村民的访谈可知，自建设祖厅以来，各支脉的族人因较为紧密的小宗血缘关系，在为住所选址时考虑就近原则，大多围绕祖厅分布。以祖厅为中心的家族组团同时可满足祭祀、商议决策等家族活动需求以及抵御贼寇的安全需求。

2. 华侨文化影响下的福林村落形态演变

宗族文化及浓重的家族观念使得福林村呈现出村落整体以宗祠为核心、各家族组团以祖厅为中心的空间结构。除此之外，华侨文化也是影响福林村村落形态的重要因素。由华侨捐资建设的建筑群主要代表是下大厝、顶新厝以及回字古街。这些民居建筑和商业空间不再是以家为单位分散分布于各祖厅周边，而是以大而连续的片区形态分布于村落中。这是由于华侨资本家通过捐资或集资的方式在短时间内向福林村投入大量资金形成的结果。此时建设规模较大，建筑在满足居住的同时，还容纳了学堂、典当行、书斋等其他功能的建筑空间，这些建筑空间往往附属于居住建筑且服务于居住建筑，因此呈现出聚集的建筑群状态。而对于回字古街，更多的是出于交通以及商业需要，因此商业建筑沿道路分布，形成连续的回字形态。

1.2.3　福林村侨乡聚落空间格局防御性解析

1. 福林村聚落空间防御性格局形成概况

"防御性"是多数传统村落在历史长河中能够抵御人为破坏、留存至今的重要原因之一，它时刻影响着村落建设格局的发展，与村民日常的生产生活空间结合紧密。清末民初，富庶的闽南"侨乡"成为重灾区，闽南居民常因宗族矛盾等发生械斗，加之青壮年男子外出打拼，人口构成失衡，侨乡建设发展过程中对防御功能的需求尤为突出。

福林村作为闽南地区典型的侨乡，历史上曾多次面临危险，给福林村华侨及普通乡民的人身、财产安全带来严重的威胁。故而福林村在从"择址定基"到"发展拓张"的过程中，"防御性"或多或少指导并影响村落格局的发展，并在地缘关系和血缘关系的映射下呈现"村落—组团—单体建筑"的多层次空间格局特征。而对于单体建筑，村落除了鲜有枪楼之外，侨乡单体建筑基本维持传统空间形制[6]，防御特征并不外显，与闽南传统生产生活空间紧密结合。

2. 福林村聚落空间格局防御性特征

福林村村落的防御性特征表现为对山形地势的合理选址、对节点的强化控制以及对整体街巷结构的灵活组织。就防而言，从檀林村的外部空间环境来看，东北部山势较高，植被繁盛，西南侧有溪流淌过，村落选址于山水围合之下的平缓地带，封闭地形限定了村落的可感知边界，构成一道天然的设防屏障，水系外侧开辟为平整的农田，具有良好视野，有利于对外部环境的大范围观察监视；就卫而言，村落在西侧与北侧架有桥梁与外界联系，并设立枪楼，有限的出入口与可控的通行尺度便于通过节点控制防范危险，节省人力；此外，在村落的东北侧边界上也有一栋枪楼，以缓解山地地形中的高程劣势，强化侦查打击作用（图1-12）；就逃而言，在村落内部，民居的营造以红砖大厝为原型，并结合宅基地的地形环境与个体家庭的审美偏好进行相应的微调，使村落呈现同质同构的秩序，淡化了村落的局部差异，在有机生长的建设模式下，高密度的不规则路网、高相似性的建筑形态以及狭窄压迫的街巷尺度塑造了村落空间与区位的模糊意象，在短时间内形成心理认知的可能性低，既增加了犯罪的难度，又有利于村民的灵活疏散（图 1-13）

图 1-12　檀林村村落层面的防御性特征

图 1-13　檀林村相似形态街巷

1.2.4　福林村落形态演变特征总结

福林村的历史及形态演变是闽南传统村落发展演变的经典范例之一，排除自然环境的影响，其村落的演变过程主要呈现出以下几个特征。

1. 宗族文化在村落空间秩序中起主导作用

宗族文化对于村落的空间结构以及形态影响最为深重，通过较为疏松的大宗宗亲血缘关系维系的族群以宗祠建筑为中心分布，而通过较为紧密的小宗血缘关系维系的各支脉家庭以祖厅建筑为中心组团式分布。由宗族文化产生的宗族建筑决定了村落的中心以及村落扩展的方向。

2. 华侨文化是村落演进的外在驱动力

在华侨资本的影响下，除居住功能外，短期内福林村出现了较多的具有教育、商业等功能的建筑，新建建筑呈现出建筑群式的布局方式，并分布于家族核心区域的周边，其中居住建筑因受宗族文化的影响而改变空间演进方向。

3. 文化复合影响下的乡村出现近现代化特征

通过对福林村历史脉络与空间演变的梳理发现，受不同文化的影响，福林村的形态经历了循序渐进、由传统到现代的连续的演进过程。受到以宗族文化与华侨文化为主的多元文化的复合影响，福林村在村落空间结构、空间层次以及风貌等维度呈现出较为完整、连续的近现代化演变特征。在空间结构上，村落以宗族家族建筑为主干、以华侨文化建筑为支脉发散向外延伸；在空间层次上，宗祠通过街巷与祖厅连接，形成核心片区的传统生活空间，受华侨文化驱动建成的建筑群以散点式分布于核心片区外围，剩余的建设空间由现代建筑占据；在风貌上，村落以传统大厝、西洋式楼房以及现代建筑交错融合。

4. 为满足基本防卫需求营造空间格局

在地缘关系和血缘关系的映射下，传统村落呈现的村域—组团—单体建筑的多层级空间结构因村落设防分为多个层级。村落防御性空间设计侧重于对现有自然环境及村落有机形态的利用，强调自然环境与村落建成环境间的区域整体性差异，以及居民与外来群体对村内路径结构整体性的认知差异，防卫的方式与行为较为独立明确，但防御的方式与行为较为单一，较之别的传统村落，其防御性空间设计特征不具有显著差异。

1.3　福林村居住建筑类型演化分析

1.3.1　福林村居住建筑类型演变历程

近代以来，侨乡的村庄建设发展深受华人、华侨在经济、文化等方面的影响。"起大厝"作为华侨"衣锦还乡"之后最重要的建设活动，是反映家族经济实力和表达华侨文化观念的重要物质载体。故此，以福林村华侨家族的发展时间段为基本划分依据，解读福林村居住建筑类型演变历程，有助于梳理华侨建设活动和侨乡建成环境发展演变之间的因承关系以及华侨对于侨乡聚落发展的影响。

1. 19 世纪中叶——侨建大厝

福林村最早的侨建大厝是 19 世纪中叶第一代华侨许逊沁捐资建造的下大群厝。下大群厝是十八座"宫殿式"大厝，包括家乡侨眷族人居住的"下大厝"等民居建筑和"绿野山房"等书堂建筑，规模极其庞大，均为红砖大厝。咸丰年间，华侨许志燹修建家族群厝，群厝坐东朝西，面向阳溪，九座大厝成三排依次排列，大厝形制规模均为"五间张二落"红砖大厝。族人后代在群厝周边继续兴建大厝，立面均以红砖白石为主要材料，延续立面风格。初代侨建房屋的建筑形制与传统闽南"三间张""五间张"大厝相同，顶落上厅两侧次间出现楼化的雏形——叠楼，但不设楼梯，并未形成实际的使用空间，仅作为通风采光的小窗口。在仪式性空间开始出现具有西洋特征的装饰品，如上厅悬挂的油画作品；建筑正面镜面墙的红砖装饰更为精美。

2. 19世纪末——部分楼化的侨建大厝

19世纪末，二代华侨许志长于村东头修建的村东厝为"五间张二落大厝带回护"大厝，建筑并列排布，平面形制以传统为主。受西方文化影响，此建筑局部采用西洋化的二层空间，形成"护厝尾叠楼"和"回护叠楼"的样式，设置独立木梯，供家人上至二层房间。护厝厅堂采用印花地砖铺设，从券门及镜面墙万字符形的红砖拼花装饰可以看出西方文化对大厝装饰的影响。

3. 20世纪初——独立式番仔楼及西洋化的侨建大厝

20世纪初，第二、三代华侨受西洋文化影响日益加深，福林村居住建筑开始出现独立式番仔楼类型，建筑由单层楼化为2层或多层空间，平面由以天井为中心的四合院形式演变为以厅堂为中心的"四房看厅"布局，天井空间缩小或演变为天窗，建筑呈现内凹形、类似传统塌寿做法的外廊样式，建筑由传统的向内围合的生活空间转化为"向外开敞"的外廊空间。[7]新中国成立前后，华侨因侨批活动从太平洋战争中恢复活力，加强了与侨乡的联系，进而大肆兴建建筑。这一时期兴建的居住建筑一类为独立式番仔楼；另一类为进一步西洋化的侨建大厝。以西洋化的侨建大厝"书投楼"为例，其平面形式与五间张二落大厝相同，榉头间和下房出现二层房间，形成了骑楼与角楼，屋顶形式高低错落，空间层次显得更加丰富，装饰风格融入西洋元素，更加精美。

从檀林村建筑的演变（表1-2）中可以看出，侨建大厝呈现出中西风格持续融合的特征。华侨在南洋的生活受西式文化的影响较大，通过持续的侨批与家乡族人和匠人联系，传统大厝便成为一种载体，催化两种文化的融合。西式设计与闽南当地匠人的碰撞融合，使得大厝不断演变楼化和外向开展，平面上形成"四房看厅"布局，部分洋楼还形成外向型的外廊空间；装饰上，中西式装饰艺术的结合使建筑雕刻和细节线脚更加精彩；材质上，铸铁窗户、琉璃宝瓶、水刷石等新材料与传统红砖白石的混合运用丰富了建筑立面表达。

1.3.2 典型建筑

1. 下大群厝

"下大群厝"始建于道光三十年（1850年），由十八座大厝以纵横呈棋盘式布局分布形成。大厝建筑形制以"闽南传统大厝"为原型，多为两落大厝。除传统居住功能外，

村庄建筑演变

表 1-2

	建设年代/建筑名称	许氏辈分	类型	图片	建筑平面演变	装饰	材料
1	19世纪中叶（下大厝）	二十九世（一代华侨）许迪沁	闽南传统大厝		单层大厝→叠楼	传统中式石雕木雕等装饰	红砖白石
2	19世纪末（村东厝）	三十世（二代华侨）许志长	传统大厝局部楼化型		护厝、回护→2层阁楼	传统中式装饰	红瓦
3	20世纪初（端园）	三十一世（三代华侨）许经撤	传统大厝局部的平面楼化型		塌寿→出现式外廊	传统中式装饰融入部分西式图案	延续红砖红瓦白石
4	新中国成立前后（书投楼）	三十二世（四代华侨）许书投	传统大厝局部楼化型		榉头→角楼	门窗、栏杆、铺地中较多西式装饰	铸铁、玻璃
5	新中国成立前后（春晖楼）	三十二世（四代华侨）许友超	传统大厝局部的平面楼化型		塌寿→塌嘴式外廊	中式装饰与伊斯兰风格花纹砖；西洋式山花、类柯斯样式柱	琉璃；水刷石

"下大群厝"拓展了如典当行、油坊、书斋等新的建筑功能。

"下大厝"是华侨许逊沁的故居,建筑平面空间为五间张二落大厝带双边护厝建筑形式,主体建筑中轴居中,并向左右两侧展开,具有中轴明显、主次有序的特点。"下大厝群"主体建筑屋顶多为悬山式屋顶。下房、厢房、护厝的屋顶较低,为硬山式屋顶。屋顶斜面成凹曲线,屋脊两端高高翘起,望之活泼生动。主屋屋顶较倾斜,厢房、下房屋顶较低且缓倾斜,使得大厝屋顶的轮廓成三段折曲线,即形成中间高,两边低的三段脊和高低檐,重叠向两边翘起的态势,使整座建筑更具有美感。据史籍所载,屋顶成凹曲线自秦代就形成,而闽南古民居保存了这一传统建筑的特征。下大群厝周边建筑密度很高,东西两侧与周边屋宇山墙相挨,相互掩映弱化了群厝的边界与形象,住居与商行间的邻里埕形成以邻里埕为中心的向心布局,具有较高的安全私密性,意味着较少的危险来向,体现了大厝生活与防御结合的特征(图 1-14)。

图 1-14　下大厝建筑

下大群厝建筑用料考究,施工精细。在材料以及结构层面,整幢大厝以木料和砖、石混合为主体结构。木材多采用杉木,砖瓦选取本地红土烧制的产品,石材为各种花岗石。大厝大都为穿斗式木构架,柱、梁、枋、檩、椽等木质构件皆用榫卯铰接,成为梁架结构,以承载屋顶,墙体仅起阻隔作用。外墙体为砖瓦、石、砖混砌成的墙体,内墙体由木材构成。大厝外面墙体均采用细磨条石装砌,而门墙墙裙则有浮雕、线雕透雕等。有的大厝大门配置一对门枕石,有抱鼓石、上马石式样,并加以雕饰。大厝室内地面铺设正方形红色地板砖,厅前走廊边沿铺设大规格的条石。天井亦铺设条石,并修设排泄污水的地下涵洞,还放养乌龟于涵洞之中,乌龟爬动拨开污泥,使其保持通畅。

下大群厝在空间分布上依循福林村早期"昭穆制度"的建筑分布原则,建设于祖厝(二落房份祖厅)西侧,引入教育、商业等功能,拓展了闽南传统大厝和大厝群的"纯居住"功能,使其成为具有复合功能的建筑群体。在建筑形制以及风格特征上,下大群厝延续闽南传统大厝的基本格局及特征,体现出较强的本土性格。

下大群厝建筑用料讲究、装饰精美,建筑以石雕、木雕装饰,显示出早期闽南传统工匠高超的建造技艺和艺术水准,是宝贵的不可再生资源,是研究泉州传统建筑的重要范例。

2. 村东厝

19 世纪末，二代华侨许志长于村东头修建包括居住功能的大厝以及书斋的"村东厝"。大厝建筑并列排布，平面形制与闽南传统大厝形制类似：中轴对称，主体建筑居中，附属建筑左右对称，沿平面展开，具有较为强烈的轴线以及空间序列感，体现了对泉州传统大厝中轴对称的厅堂空间的继承性。建筑平面为"五间张二落大厝带回护"形式，主体建筑为五个开间，分前后两进，每进以天井相连，左右各带一个护厝。主体建筑屋顶采用悬山顶，护厝为硬山顶，上覆闽南传统红瓦。

"村东厝"建筑以石材、红砖及杉木为主要材料。外墙采用白石和红砖，其中砖为闽南传统建筑中使用最广泛的"烟炙砖"，色泽艳丽，规格平整。古厝的下落正面采用镜面壁，由上而下分为数个块面，每面称为一堵，最下面的台基称为柜台脚，以白石砌成，柜台脚正面浮雕出踏板的形象，柜台脚以上，是白石竖砌而成的裙墙，称"裙堵"，其上不做雕刻。裙墙以上，是红砖砌成的身堵，身堵正中，是白石的条枳窗。山墙采用块石与红砖混砌的墙体，石竖立，砖横置，上下间隔，石块略退后，称"出砖入石"。内部空间则多采用木制隔墙进行分隔，木制隔墙、门板上多装饰精美雕花。

相较于 19 世纪中叶出现的以"下大厝群落"为代表的侨建大厝，两者虽在平面空间上较为类似，但在西方文化的影响下，"村东厝"建筑出现"楼化"的特征，如局部采用西洋化的二层空间，设置独立木梯供家人上至二层房间等。在材料和装饰上，"村东厝"于传统装饰中融入西式的图案。护厝厅堂开始采用印花地砖铺设，护厝的券门及镜面墙万字符形的红砖拼花装饰呈现出较为强烈的西方装饰风格特征。

3. 端园

"端园"是福林村中第一栋独立式的番仔楼，于 1933 年由福林村第三代华侨许经撇建设。屋主聘请驻厦意大利设计师进行设计，绘制图册和策划建筑工程，将西方文化融入建筑的设计和建造。"端园"总体呈现中西结合且以西式为主的风格特征，是檀林人眼里最美的建筑，入选第五批晋江市文物保护单位。

在结构层面，"端园"创造性地采用梁柱结构体系。建筑平面形制由传统"三间张"顶落部分演化成"四房看厅"布局形式，呈现为"塌岫式"外廊样式建筑。楼宇高 3 层，一层和二层为居住及会客用房，三层为两间备用室；天台上再建两间备用室，乡间俗称两层半；地下室为三房一走廊格局，有通风、传声设施。此外，端园地下还辟有一暗室，这在闽南地区的传统民居中相当罕见，地下室宽度与梯段平齐，横贯东西，借助垂直爬梯可通达一、二层两侧，为居民藏匿防御提供条件。"端园"立面建筑材料延续使用本土红砖和花岗石，白色花岗石构成台基、外廊裙堵、立面柱和门窗边框，红色烟炙砖则填充墙身。楼宇化的番仔楼，虽然建筑形式与传统古厝不相一致，但用材的搭配构成延续了大厝立面的表现形式，协调且不突兀。楼宇内部顶棚四周的几何形和灯位井藻图案均用黏灰浆堆成，中西式两相宜。中厅和走廊选用木雕装饰，花鸟、走兽、人物分成岛式，镂雕立体，体现空间远近关系，深浅透视，惟妙惟肖，成为古今佳构。同时，"端园"在材料和装饰方面融入了许多西洋元素，例如，多立克柱式、西式花纹铁框窗、室内使用水泥印花地砖、花纹铁件栏杆等。

"端园"自施工动土始，至竣工乔迁，历时三载，是在南洋生活的华侨受到西式文化的影响，以传统大厝为原型，西式设计与闽南当地匠人技艺碰撞融合产生的杰出成果，体现了华侨对新的身份以及双重文化的认同（图1-15）。

图1-15 端园

4. 春晖楼

春晖楼是旅居菲律宾的侨商许友超于1946年为自己留居故乡的母亲所建的一幢中西合璧的"番仔楼"。

春晖楼为双突龟式2层番仔楼，坐南朝北，采用钢筋水泥框架结构，外墙由红砖和石块堆砌，外立面用古希腊柯林斯式廊柱包裹，屋顶覆以红瓦，体现出中西合璧的折中主义风格。建筑在平面上被过道分为前后两部分。前部分延续早期中轴对称的厅堂结构，由中厅及两侧各两间房组成。花岗石条石铺就的过道横贯东西，串连起一楼两厢共8个房间。前后厅相隔的正中位置有两边中汇一折的梯级通往二层，二层的规模建制和一层基本一致，使全楼对称整饬，浑然一体。二层东、西、北三面均翼然翘出一阳台，可供采光通风之用，使得建筑冬暖夏凉。

春晖楼装饰多采用木材和石材进行"镌刻"，屋顶围栏正中辉绿岩镶嵌"春晖楼"三字，取自唐代诗人孟郊《游子吟》之"谁言寸草心，报得三春晖"诗意，借以报答母亲含辛茹苦的养育之恩，弥补长期未能孝悌膝下之憾。门顶及左右角楼门首分别镌刻"孝友为瑞""慎为行基""恭为德首"匾额，充分表达屋主对于"义行、义举"的人生准则以及"至纯至孝"的淳厚家风。同时春晖楼窗沿和墙面有精美砖石雕饰，华美典雅，图案繁复美丽，体现了较高的艺术价值。

春晖楼作为福林村于新中国成立前后建设的番仔楼，延续了东西合璧的建筑风格特征，但建筑形制在"四房看厅"基本平面空间形式上进行了纵向拓展，于厅堂空间的后部增设房间，并由过道和楼梯等交通空间进行连接，有效拓展了番仔楼内部的使用空间（图1-16、图1-17）。

图1-16　春晖楼建筑外部透视图

图1-17　春晖楼建筑立面图

5. 书投楼

书投楼坐落于福林村西区阳溪东侧，由菲律宾华侨许书投、许书强兄弟二人合力出资建造，是许书投家族后裔居住及生活的场所。书投楼始建于1946年，1949年竣工。建筑坐东北朝西南，总占地面积约550平方米，建筑面积约520平方米。

书投楼南侧设有前埕，使用条石对院落进行围合，院门朝西北侧开启，整体外形封闭，立面由厚度达300～400毫米的砖或石砌筑成坚固的墙体，墙面光滑平整，不利于攀爬，外窗采用坚固的石棂，内外窗之间加设钢条作为防护。"书投楼"为典型闽南传统平面展开的大厝形式，主体建筑为五间张两落的闽南传统民居平面布局，延中轴线依次为前埕、下落、天井、顶落，两侧并至榉头，建筑布局大致为中轴对称。建筑内部多设有夹层与暗道，居民通过移动木梯登上夹层回廊，其内部墙体上布有许多射击口，并一致朝向天井、露台区域。书投楼主体屋顶为单坡三川殿硬山顶与平屋顶组合，变化丰富，与下层的榉头口、大厝身部分巧妙结合，丰富了住宅的轮廓线。

在书投楼建筑的每一个突出显眼部位都有各种木雕、石雕、砖雕等装饰，品类繁富，具有浓郁的地方特色，使得建筑本体作为艺术品呈现出来。厅堂梁木、斗栱雕刻精细，塌寿处镶满石刻的题匾、门联、书画卷轴、人物、花卉和飞禽走兽的浮雕。这些雕刻精致的构件起到画龙点睛的作用，具有较高的艺术价值，使书投楼建筑显得生机盎然，意境深邃。

受海外文化的影响，书投楼局部空间突破了水平方向的制约，向上发展形成"叠楼"，是新中国成立前后福林村建设的传统大厝局部楼化建筑形式的典型代表。建筑建造就地取材，本体所展现的大木作、小木作、石作、砖作等工艺具有泉州"皇宫起"民居的典型性和代表性。书投楼通过对建筑墙体、门窗以及内部空间的设计，使本体具有防御性和隐蔽性，体现了在泉州地区倭寇纵横的动荡社会环境下泉州本土工匠灵活的建造技艺和科学的建造手法，对于探讨闽南侨乡聚落防御性空间设计的特征具有重要意义。

1.4 福林村教育建筑特色分析

闽南传统社会注重教育，福林村华侨不忘传统，于海外发迹后反哺家乡，兴办学堂。1855 年，许逊沁兴建书房，创立第一所私塾（民国初年改为学堂）"绿野山房"。1890 年前后，许志长又在村东头创办了第二所私塾"养兰山馆"。1915 年，名绅乡贤倡议筹办学校（后命名为檀声小学），菲律宾华侨组织董事会筹募办学经费，确定以"绿野山房"为教学场所（后搬至 20 世纪 90 年代华侨捐资兴修的现代房屋）。华侨通过不断的侨批侨汇活动为学校提供资金支持，哺育家乡后代。

传统家族书院建筑遗产是一个家族乃至一个地区文化积淀和价值的象征，是体现当地历史与文化的"身份名片"之一，是不可再生的历史资源。闽南传统家族书院是传播闽南传统儒学思想的重要场所，作为闽南地区历史上重要的文教建筑，其建筑形式及材质、空间形态等都体现了闽南文化对传统书院的影响，具有鲜明的闽南地域特征。

1.4.1 绿野山房

1. 绿野山房历史背景与概况

绿野山房始建于清朝咸丰年间（1855 年），建筑坐落于福林村南区中部，是菲律宾华侨许逊沁回乡建造创立的第一座私塾。绿野山房创立之初以为乡人授业为目的，是檀林村启蒙教育的发祥地，也是华侨先贤兴学办校的开端。随着时代的变迁，绿野山房经历了从家族书院变革为"学堂"，再成为村落中第一所小学校址，加建后却荒废至今的历程。尽管如此，现存绿野山房的建筑形制依旧保留了时代的记忆和发展的痕迹，对研究闽南传统家族书院特征具有一定的意义。

随着现代化教育模式的不断发展，现代教育内容与传统闽南书院建筑空间格局越来越不匹配，现存的闽南传统家族书院失去了原有的传统儒学教育功能，建筑本体仅作为"纪念性单体"保留下来，其所承载的集体记忆随着社会环境的发展不断消亡。[7]

2. 绿野山房的发展演变历程

绿野山房是见证福林村教育事业发展历程的重要历史建筑和场所，基于相关历史资料的调查与分析，将绿野山房的发展演变进程划分为三个阶段（图 1-18）。

第一阶段
第二阶段
第三阶段

图 1-18　绿野山房发展演变的三个阶段过程

（1）绿野山房的历史沿革

① 1855 年始建

绿野山房始建于 1855 年，主落平面形制为三间张榉头止，倒照平面形制为三开间，主落与倒照在平面布局上整体呈现中轴对称形制，主落由南向北延中轴线依次为天井、正厅和后轩，倒照由北向南延中轴线依次为下厅和临水平台。主落和倒照之间由东石埕相连接，铺地形制规整且呈中轴对称展开。该组建筑轴线关系明确，传统形制保存较为完整。

②护厝部分的加建

西护厝位于主落西侧，与主落直接相连并开设天井，这与传统闽南加建护厝开设天井形制相符；但西护厝在构造做法和施工工艺方面与主落存在明显的差异，结构上没有与主落同时进行设计。

西护厝的加建大体上遵循闽南大厝的传统扩建模式，与主落及倒照的关联度较高。据此可以推测，西护厝为主落与倒照建成后的早期加建建筑。

③新中国成立后

1943 年原业主把改绿野山房建筑卖与书昌、书卷兄弟，建筑功能延续原有教育特征。随着时代发展，绿野山房因土改被国家没收。据当地村民口述，西北附属建筑和西南附属建筑均为新中国成立后加建，期间应时代需求，西北附属建筑作为生产面粉和花生油的作坊使用,西南附属建筑则当作扫盲教室和卫生院等公用。随着时间的推移，绿野山房还经历过药店、大队部、工厂、夜校、民兵营等不同用途的身份更替，直至 1986 年 3 月县政府明文将绿野山房归还个人。海外华侨心系祖国，于 2007 将绿野山房捐赠给国家。

在反哺家乡的闽南传统人文思想情怀下，华侨继续捐助绿野山房保护与再利用的项目建设，为更好地传承与保留文脉尽华夏子女的一份力。

（2）外部环境与景观的演变

从发展历程可知，绿野山房场地环境的外部空间主要历经了秩序性、多样性、公共性三个功能演替阶段，每个阶段都在顺应文化、社会的时代需求。

第一演替阶段：绿野山房的外部空间受控于传统民居建筑形式，以中轴线为主，形成庭院、东石埕、天井秩序轴线，遵循相对理性的逻辑并由此形成多变的空间秩序。为尽可能减少外部干扰，外部空间的整体系统自成体系，通过门、墙等分隔室内外空间，形成三个高潮，自南向北展现出由清幽到庄重的逐层变化。

第二演替阶段：由于护厝的加建，建筑形成了一横两纵三条轴线的平面格局脉络。加建部分延续传统闽南大厝增添内天井的形式，在延续秩序感的同时，使室内外空间的变化更加多样。

第三演替阶段：随着时代的巨变，绿野山房的外部空间系统由秩序多样演变为更加开放的公共性。为顺应时代与当地社会需求，绿野山房置入社会生产、现代教育、商业等功能，其功能和价值的非确定性使空间张力显著提升。空间整体由原来的纵向体系向水平横向延展，舒朗的形态和虚实有序的肌理使空间内外主体存在空间感知差异，进而使其承载的个体和群体记忆与其他场所的空间记忆区别开来。

3.绿野山房价值认知

（1）历史价值

绿野山房由福林村旅居菲律宾华侨乡贤许逊沁出资建造，是体现晋江市福林村华侨建设史的典型建筑代表，也是历史的见证者。建筑采用院落形制，是典型的闽南传统民居类型，包含着特殊的历史内涵。

（2）艺术价值

①外部特征

绿野山房主体为红砖墙身和筒瓦屋顶，附加建筑的硬山顶、卷棚顶、风火山墙等不同形式的屋顶，构成了丰富的建筑外轮廓线。建筑西侧局部为弧形墙体，在传统闽南建筑的形制下加入优美的曲线墙体，为闽南传统建筑中少见的形制。绿野山房外部特征突出，与周围环境协调，具有较高的艺术价值（图1-19）。

图1-19　绿野山房航拍

②细部装饰

绿野山房装饰品类繁富，如木雕、石雕、砖雕等具有浓郁的地方特色，其厅堂梁木、斗栱雕刻，门屏窗饰，镂空雕花，柱础浮雕，塌寿处镶满石刻的题匾，门联、书画卷轴、水车堵以及墙壁上的书画与题字等都提升了建筑的艺术性。

③空间布局

绿野山房为咸丰年间建造的闽南传统建筑，具有一定的地域性和民族性，是闽南传统建筑艺术的承载和传承。绿野山房在园林和庭院经营方面具有较高的艺术价值，主落、石埕、倒照与庭院所形成的中轴线气势恢宏。绿野山房巧妙地运用周边水系，引水入前院形成水院，并在水院上架设临水平台与倒照相接。整个院落体现了营造者因地制宜地将园林景观艺术融入建筑设计中去的设计意图，将自然环境与建筑设计融合起来。

（3）文化价值

绿野山房是檀林村启蒙教育的发祥地，是华侨先贤兴学办校的开端，也是旅菲乡侨许逊沁心系故乡子弟的启蒙教育所兴建的一座书房。其西侧护厝门崆路刻的楹联"鸟飞天上知时习，花发庭前想日新"体现了华侨对文化教育的重视和对文化传承的崇尚。绿野山房的各式窗棂，螭虎窗、书卷窗、竹节窗等皆体现了闽南传统文化对文教建筑以及对使用者的美好祝福。石门、水车堵、窗扇内侧等部位的题字、对联、楹联内容皆引自古诗词和散文，体现了建造者的高尚的道德情操和精神风貌（图1-20）。

闽南地区被称为"红砖文化区"。绿野山房作为闽南传统的红砖大厝，是福建传统建筑重要的组成部分，受到福建闽南地区所处的地理、自然、历史、经济、人文等方面的影响，具有鲜明的地方特色，是地方文化的体现。绿野山房的装饰做法是闽南人民创造的乡土艺术，吸收、融合了闽越文化、中原文化、海洋文化以及沿"海上丝绸之路"传入的外来文化的技艺精华，是闽南历史文化的珍贵遗产。

| "绿野山房"门联 | 倒照南面镜面墙题字 | 天井门楣题字石刻 |

图1-20　建筑局部石刻与题字（一）

东榉头书卷窗　　　　　　　　　倒照南面门框题字石刻

图 1-20　建筑局部石刻与题字（二）

（4）科学价值

绿野山房建筑建造时就地取材，本体所展现的工艺反映了泉州本土工匠灵活的建造技艺和科学的建造手法。绿野山房建筑本体是泉州红砖大厝营造技艺的典型代表，为建筑史、传统营造技艺等多个领域提供了研究案例，具有极大的科学价值。

1.4.2　养兰山馆

1."养兰山馆"历史背景及概况

清朝光绪年间（1890 年前后），乡侨许志长在檀林村东头创办了继"绿野山房"之后的第二所私塾，取名"养兰山馆"，有悉心培养、希冀子弟成才之意。养兰山馆是村落大厝群村东厝的附属教育建筑，与其同期建造，隶属家族居住建筑的一部分。早期主要面向家族成员进行基础私塾教育，旨在为家族子弟"扫盲"，进而为其之后出国继承家业和从商打下基础。民国时期福林村著名华侨许经梨、许经权、许经撤等人早年均于"养兰山馆"接受过教育（图 1-21）。

2."养兰山馆"建筑基本特征

养兰山馆的形制与同一时期其他大厝较为类似，形似三间张榉头止布局，以厅堂空间为中心组织学堂空间，天井与榉头合并为庭院，南侧连接居住建筑，西侧有独立出入口。养兰山馆建筑只有一落，平面依循中轴对称的基本原则，将学堂空间置于养兰山馆轴线中心位置，反映了早期福林村华侨对于教育的重视。

养兰山馆在建筑风格、材料以及结构方面与传统闽南大厝较为类似。建筑材料延续使用红砖、白石以及杉木等传统材料。与村庄其他传统古厝相同，建筑立面延续了以白色花岗石和红色烟炙砖为主要搭配的风格，"白石 - 红砖"构成传统大厝"养兰山馆"的立面基本形式，同时也是依循村东厝建筑群厝建筑立面原型的结果。不同于"绿野山房"采用坡屋顶的传统屋面形式,"养兰山房"屋顶采用平坡结合的基本形式,屋顶开始使用绿色宝瓶葫芦女儿墙等西式建筑构件,建筑整体呈现"折中主义"的风格特征。

图 1-21 养兰山馆

3.养兰山馆价值认知

(1)历史价值

养兰山房作为"村东厝"附属建筑之一,是 20 世纪 90 年代末期华侨在福林村建设活动的重要物质见证,同时,作为晋江县级历史建筑,是晋江仅存为数不多的私塾遗址之一,对于研究闽南书院建筑以及福林村的教育事业、人文发展同样有重要的价值。

(2)艺术价值

养兰山馆建筑立面采用三段式的基本构图形式,自下而上依次是:白石墙裙、红砖墙身和宝瓶葫芦女儿墙,比例均衡,具有极高的美感。建筑用料讲究,色彩均衡,立面采用闽南传统的红砖堆叠、勾勒纹样图案,有效地减弱了墙身单调、呆板的感觉,望之活泼生动,同时,养兰山馆也不乏用木雕和石雕勾勒出亭台楼阁以及花鸟鱼虫等形象,体现了早期闽南匠人高超的雕刻技艺。

1.4.3 "绿野山房"和"养兰山房"教育建筑特征比较

绿野山房和养兰山馆的形制与同一时期其他大厝差异较小,均以传统三间张顶落部分为原型变形拓展(表 1-3),以厅堂空间为中心组织学堂空间。早期的绿野山房具有典型的书院学堂形式,教学空间较大;后期的养兰山馆供学堂教育使用的空间较小,两栋建筑均拥有庭院空间,供族内子弟学习休憩。

私塾建筑比较与分析 表 1-3

私塾	绿野山房	养兰山馆
选址寓意	"下大厝"的一部分，选址紧邻宗祠，教育受众群体范围较大	隶属家族居住建筑一部分，面向家族内的私塾教育
平面	图例： ■ 厅堂 ■ 房间 □ 天井 □ 书院	
特点	东侧为三间张二落大厝的变形，建筑前有池塘，内有庭院空间，尺度空间小巧亲切，庭院西侧为院门	居住建筑附属部分，规模较小，形似三间张榉头止布局，天井与榉头合并为庭院，南侧连接居住建筑，西侧有独立出入口

1.5 福林村商业建筑特色分析

1.5.1 通安古街建设背景及历史沿革

1. 通安古街建设背景及概况

通安街始建于 1927 年 8 月，时值华侨在闽投资之发展及高潮时期，经过海外最初的资本原始积累后拥有较大的财力和影响力，爱国华侨纷纷转向国内投资。该阶段华侨在闽投资多集中于房地产、工商、金融以及公路建设等公共事业，且以房地产为最盛。商业街区作为房地产投资的重要途径，被华侨视为实现投资增额回报的有效途径而广泛建设。

檀林村作为晋江早期著名侨乡，自清朝以来便有"银檀林"之称。福林村及附近村落侨眷经济实力雄厚，具有较高的购买力，但由于早期的檀林村没有大型集市，侨眷购物十分不便。为了解决该问题，乡贤许经果倡议兴建檀林街，联络海内外檀林乡亲筹资建造。1927 年 8 月，村民募集资金，开始建街。经过两年多的建设，古街店面相继竣工。街道选址于福林村西南侧，建设于"番沁移溪"后福林村西南侧产生的空地上，街道由东、西、南、北四条街组成"回字形"。由于檀林街北街为安海至衙口的必经之路，故又称檀林街为通安街。通安古街落成后盛极一时，一度发展成为当时晋南的四大商贸中心之一。

2. 通安古街历史沿革

通安古街早年经华侨许经果倡议，发动富庶之家及市政筹集资金，历经 6 年时间建设完成。极盛时期，通安街商业繁盛，百业兴起，便利的交通以及独特的地理位置赋予了"通安街"良好的区域性商业优势，在一定程度上带动了地方经济的发展。商业兴，人文起，一些闽南传统的文化、戏曲等集结而来，使得"通安街"一度成为晋南腹地重要的经济、文化节点。但古街的繁荣只持续了近 10 年，1939 年第二次世界大战全面爆发，中国与南洋的联系被切断，侨汇断绝，侨眷购买力下降，这对檀林村的经济产生了致命的打击，古街就此衰败。1945 年抗战胜利之后，中国恢复了与南洋的联系，许多人又踏上了前往南洋谋生的道路，檀林古街的大多数店铺不再开张，逐渐走向衰败。新中国成立后，通安古街迎来经济回暖期，华侨纷纷回乡投资建设，外加福林地属龙湖乡中心地带，供销社、信用社、邮政、代办所等均设立于此，古街一度恢复了往日的繁华热闹景象。但随着 1971—1978 年国家放宽对归侨侨眷出海的审批，大量归侨侨眷到国外创业，加之改革开放后许多年轻人到外地经商务工，村落大量房屋空置，通安街又开始逐渐萧条。

3. 建设模式

古街建设分为三期。第一个建设期为 1927—1930 年，包括由华侨集资建设和由檀林市政会组织建造、统一销售两种模式，主要完成街区外围骑楼建筑的建设。该时期以骑楼化的洋楼建筑和红砖木制梁架结构联排式骑楼建筑为主。骑楼在街区外围形成"口"字形的空间结构。为了防止盗贼入侵，满足防御需求，古街道路尽端设置了四个隘门，定时启闭。

1933—1934 年为通安古街的第二个建设期，采用市政出售地权、户主自主建设的模式。该时期主要完成南街北侧、东街西侧以及西街东侧的骑楼建筑的建设，建筑形式以集合式的番仔楼为主。

第三个建设期为 1934—1940 年。该阶段存在部分零星的建设活动，主要是在二期所建建筑旁增加附属建筑，用以解决用户生活不便的问题。

1.5.2 通安古街空间布局特征

通安古街空间由统一规划设计的骑楼街屋组织围合而成，呈"回字形"空间布局，分为东、西、南、北四个街道，两端设隘门防御盗贼。通安主街是聚落整体空间构成的核心要素，与垂直于主街方向的骑楼街屋共同形成了以通安街为主轴，东、西、南路街为辅街的回字形聚落空间，属于线性街市串联构成的面状聚落整体。从布局上看，古街偏于村落一隅，与居住组团的分离有意识地控制了外来人流交易往来的活动范围，避免对内部村民活动造成交叉影响；古街的截面跨度较大，尽端设立隘门，正常开启时对商贸活动并无明显的影响，但在紧急情况下可控制人流通过的速率与数量。此外，古街商铺背街面的窄巷以丁字形相交，视线遮挡性强，在混乱局面下可降低冲突人群正面遭遇的可能性。笔者根据详尽的文献资料进行调研，还原了聚落空间的演变进程（图 1-22）。

图 1-22 通安古街历史聚落空间演变图

1. 1927—1929 年

通安古街于 1927 年开始以"先行示范区"的初始模式进行片区建设。1927—1929 年，檀林市政会统一组织建造固定铺位的商铺建筑，四周建筑围合出中间广场空间，供临时铺位使用，构成最基本的"墟市"空间体系。该时期的古街建设主要有宅邸式洋楼与联排式骑楼两种基本形态单元。宅邸式洋楼由富庶华侨为家眷所筑，是通安古街内最早建造的建筑范本，占据道路沿线的核心商业位置，构成了主要的商业界面。联排式骑楼是单开间骑楼基本单元以联排的方式组织起来的建筑集合体。联排规划的群体布局采用追求商业利益最大化的设计策略，体现出骑楼空间对乡村小资本经营的适用性，以地权售卖和建筑售卖为基本形式的建筑商品化行为也体现了房地产性质的商业思维的植入。

2. 1929—1934 年

出于功能和经济效益的考虑，1929—1934 年檀林市政会放弃传统"墟市"空间的模式，对建筑围合出的广场空间土地进行地权的转让，进而开启古街的第二期建设。

该阶段由檀林市政会统一设计总图，制定建设相关规程，控制购买方土地权。该时期产生了混合式洋楼与集中墟场两种形态单元。固定的商铺与集中的墟场完善了"墟 - 市"结构体系。

3. 20 世纪 60～90 年代

该时期的经济模式逐渐从以私有制为主导向国有与集体所有的公有制转变，个体商户开店设铺受到限制；同时城镇现代化水平不断推进，乡村墟市失去商业优势，逐渐走向衰败，原有的商住功能逐渐向纯居住功能转变。随着居民对生活条件的要求不断提升，传统的建筑空间难以满足人民日益增高的生活需求，居民在原有建筑的基础上进行扩建，原本统一规划的形态单元呈现个体改造的参差形态。

4. 21 世纪

随着社会经济的不断发展以及消费模式的转变，通安古街墟市聚落完全失去了商业性质，回落至村居的范畴。部分留驻居民在建筑原址上建造现代框架结构民宅，场地南侧用地新建了一定数量的居住建筑。

1.5.3　通安古街骑楼建筑类型及特征（表 1-4）

1. 联排式骑楼

联排式骑楼采用适应贸易需求的联排式布局，建筑形态较为紧凑高效。联排式骑楼多为坡屋顶临街外阳台，平面类型以单开间为主，采用"前店后宅"和"上店下宅"的基本空间形式，并且功能空间布局与房间划分较为统一；建筑内部未设置天井，楼梯位置根据具体的使用功能而变化。在用料上，骑楼多采用泉州传统的红砖和木材，建筑隔墙、楼板、屋顶均采用木制材料，柱廊处为红砖，隔墙主要为生土；在风格上，骑楼多采用宝葫芦式栏杆、木制门窗、红砖柱子等体现闽南传统特征的装饰。

2. 洋楼化的骑楼

洋楼化的骑楼建筑采用女儿墙临街、阳台内化的基本形式，一层平面为单开间商铺，采用"前店后宅"及"前店后厂"形式；二层空间采用中轴对称的闽南传统厅堂空间形式，建筑二层廊道互相贯通，形成内廊或者外廊。不同洋楼化骑楼建筑的楼梯位置不同，包括将楼梯设置于建筑中轴开间的后半部和在建筑一侧单起一个交通跨两种形式。骑楼化的洋楼建筑主体部分以国外运输的洋灰、钢筋为主要建筑材料，屋顶采用木制结构。由于洋灰、钢筋为舶来品，价格较为昂贵，故而仅由华侨独资建造的洋楼化骑楼建筑的主体部分使用。在立面以及装饰特征上，洋楼化的骑楼建筑以中西结合风格特征为主，墙身多用泉州传统花草纹样、数字及匾额牌匾作为修饰，部分铁艺构建则采用中式的图案，如金钱纹，以求财源广进，体现较多的闽南和泉州元素。

3. 番仔楼

番仔楼建筑采用女儿墙临街、外阳台的基本形式。功能布局上与联排式骑楼较为

通安古街骑楼建筑立面特征

表 1-4

建筑类型	立面	立面元素				装饰特征
		1. 屋顶	2. 门窗	3. 栏杆	4. 柱式	
联排骑楼		屋顶采用"坡顶临街"	方形木制格扇门窗	琉璃宝瓶栏杆	砖柱	额枋上多装饰有植物等花草纹样，类似中式彩画
洋楼化的骑楼		平屋顶临街，坡屋顶退后，屋顶装饰有山花		琉璃宝瓶栏杆		
番仔楼				琉璃宝瓶栏杆及水泥几何纹栏杆		墙身立面多装饰有花草纹样，圆额等

31

类似,为"前店后宅"和"上店下宅"的基本空间形式。但与联排式骑楼的不同点在于,它用一个交通跨串联建筑主体以及建筑后部储藏空间;交通跨上设有天井,用以解决进深较大建筑的采光及通风问题。集合式番仔楼在材料的选择上相较于洋楼化的骑楼更为多元,洋灰、钢筋以及红砖、木材、条石都有使用。而集合式番仔楼和骑楼化洋楼在立面风格特征上较为相似,为采用钢筋混凝土建造的西式外廊空间。

4.通安古街骑楼建筑特征总结

通安古街骑楼遵循骑楼的基本结构形制,但是各个时期、不同类型的建筑还是出现了多样化和弹性化的建设特征,体现了该建筑类型在通安古街多层级、多模式、多路径的自适应性发展,主要表现在平面、材料以及工艺做法上(图1-23)。

图1-23 通安古街建筑装饰特征

（1）材料选择上,通安古街骑楼建筑多以泉州传统的建筑材料为主,如红砖、木材以及条石等。即使是以洋灰、钢筋为主要建筑材料的骑楼化的洋楼,也不可避免地使用红砖及条石等本土建材。

（2）工艺做法上,骑楼建筑体现中西结合的特点——建筑外观上体现更多的西式风格特征,内部装饰以及空间上则体现较多的闽南和泉州元素。

（3）平面设计上,骑楼建筑展现出一定的适应性发展特征。一层平面基本为单独开间的商铺;二层空间则与泉州近代洋楼建筑平面较为相似,展现为对泉州传统大厝中轴对称的厅堂空间的继承,在古街西侧也存在由三个联排的骑楼街向泉州传统大厝中轴对称的厅堂空间转变的建筑。

1.5.4 通安古街价值总结

1. 历史价值

福林村是晋江著名的侨乡，近代华侨及侨汇是侨乡发展、建设的主要推动力。"通安古街"的建设不但是近代华侨爱国、爱乡思想的有力体现，而且是近代华侨"在闽投资史"的有力见证。作为近代华侨在闽商业活动的重要案例之一，通安古街伴随着近代以及新中国的经济发展、社会变迁和政策兴替，几经沉浮，几度兴衰，是国家建设和发展的见证，对研究闽南侨乡现代化进程和侨乡发展历史均具有独特的意义。

2. 文化价值

华侨的归来给福林村带来自由、民主的革命思想，而这种包容的心态也极大地影响着檀林古街的建设，不仅体现在古街骑楼建筑风格的选择以及"新式标语"的使用上，而且深刻地反映于古街的商业业态。华侨和福林村的村民通过建立"风俗改良会""檀林励志社"等新式社团组织，试图从移风易俗、传播新文化等方面对檀林的"社会风俗及文化"进行改造。华侨在福林村所做的各种尝试（包括通安街的建设）从另一侧面体现了华侨对新身份的认同和文化想象。

3. 艺术价值

"通安古街"建设过程中采用了"骑楼建筑"的商业建筑新形式，由华侨独资建设的"洋楼式骑楼"建筑则创造性地使用了洋灰钢筋的框架结构。在装饰艺术上，骑楼建筑展现出较强的折中主义风格特征，一方面承袭了闽南文化的建筑空间体制；另一方面有效实现了西式的装饰构件与中国传统厅堂式建筑空间以及构件雕花纹样等的完美融合，是对商业建筑空间的创造性表达，体现了早期华侨较高的审美意趣，具有极高的艺术价值。

1.6 福林古寺历史景观分析

1.6.1 福林古寺历史沿革及人文背景

福林寺初名福林堂，坐落于福林村倚溪滨水东南，现为晋江市文物保护单位，相传始建于明万历年间，初为平山顶三间单进建筑，祀奉观音菩萨和真武大帝。同治三年（1864年）乡贤许逊沁倡首移溪，根除水患，将庵堂旧基移入新溪西北岸，重新起盖，遂成单檐歇山顶三开间二进庙庭，并立西厢房。民国初年，福林堂重新翻修，改名为福林寺。1944年，福林寺后殿楼宇因杉木腐朽濒临倒塌，为此海内外贤达集资重建，将原建筑予以拆除，并于翌年重建一座3层楼宇。新建楼宇一、二层仍旧祭祀诸神灵金尊，三层则为藏金阁之用。经历代重建、翻修，现今福林寺已然成为福林村最大的庙宇，同时也是当地居民和周边村民寄托信仰、举行集会以及日常活动的重要场所。

福林寺历代多有名僧驻锡，其中以弘一法师最为出名。弘一法师寄锡福林寺时间虽短，但因其平易近人的作风、渊博的学识和高深的佛法造诣，对福林村乃至周边的乡村均产生了深远影响，为乡人所乐道，至今事迹仍为大家所传颂。近代著名画家丰子恺曾专程来寺参谒弘一大师，并为其造像。同时弘一法师也在福林寺清凉园等处留下诸多墨宝，其自成一格的精湛书法，为福林寺留下了宝贵的遗产（图1-24、图1-25）。

图1-24　弘一法师像及其书法作品　　　　　图1-25　福林寺碑文

1.6.2　福林古寺空间布局

　　福林古寺坐东朝西，总体呈东西向轴线布局，由西至东依次为前花园、放生池、前埕、大雄宝殿以及后部的"祇园"。其中"大雄宝殿"处于整个序列的中心位置，为主要的祭祀空间，符合中国传统寺庙以"殿阁为中心"的基本布局特点。福林寺于庙前和广场多植攀枝花等高大乔木，有效弱化建筑及前埕广场空间的体量感，同时树木分布较为随机，在某种程度上弱化了东西向的轴线感，打破了沉闷，使得福林寺总体布局呈现自由活泼之感（图1-26）。

　　1. 放生池

　　中国寺庙中常设有"放生池"，用于收养信徒所放生之各种水生动物，如鱼、龟等，以体现"慈悲为怀，体念众生"的心怀。福林寺最早的"放生池"为1933年福林寺开山祖师转伴和尚主持期间为弘扬佛教普渡众生的宗旨所建，在筹建过程中得到了乡贤许经谋、许书潭及福林村各方乡人的支持。

　　2. 弘一亭

　　"弘一亭"乃许志长裔孙许文坛为纪念弘一法师所建。1945年许志长先生返乡期间，曾瞻仰先尊所建祇园，观摩弘一法师诸多墨宝及著作，肃然起敬，遂返乡捐资修建"弘一亭"，以全对弘一法师的敬仰之情。

　　3. 孝端桥

　　"孝端桥"建于民国二十二年（即1933年，癸酉年），乃檀林村旅居菲岛的乡贤许经撇先生捐资独建，乡人以其字命名，曰"孝端桥"。早年福林寺濒临阳溪，溪水宽30米，各村香客、各方行人过溪需涉水，多有不便；一旦下雨，洪水暴涨，行人过溪受阻。许经撇先生见此状况慷慨解囊，修建"孝端桥"（图1-27）。

1. 放生池　2. 弘一亭　3. 孝端桥　4. 清凉园　5. 大雄宝殿　6. 祇园

图1-26　福林古寺空间布局及其透视图

图1-27　孝端桥

4. 清凉园

清凉园位于福林寺前殿左侧，园中环境清凉幽静，园中树木繁盛，兼有果木与花木。园中四季如春，尤其酷夏时节，清风徐来，使得弘一法师对其情有独钟，亲命名为"清凉园"。

1.6.3 福林寺建筑特征

福林寺主体建筑由前后两部分组成,前部大雄宝殿是寺庙主要的祭祀空间,后殿"祇园"原为2层楼宇,一层祀千年千眼观音,二层祀释迦文佛、普贤菩萨、文殊菩萨。1944年因楼宇年久失修、楼宇坍塌,故重建一栋3层建筑,一、二层供奉神灵,兼作禅房,三层为藏经阁。

前落大雄宝殿采用泉州传统三间张双落大厝单边护厝的基本形制,由三开间的正厅、东西榉头、天井和前厅以及右侧的护厝组成。建筑整体结构为砖木结构,屋顶铺设有泉州传统的"红瓦",正面墙体使用镜面墙做法,两侧各留有一个圆形窗户用以采光通风,山墙空斗红砖砌筑,地面用花岗条石铺地。后期对天井空间进行封堵,将前厅和正厅联系起来,拓展了室内空间。

福林寺庙虽为宗教建筑,但基本格局、建筑风格、建筑材料以及建造技艺的选择均延续了泉州传统的大厝的基本特征,具有鲜明的地方特色,是闽南建筑文化的体现。在建筑装饰上,延续闽南人民传统的乡土艺术做法,同时兼收并蓄外来文化,是闽南文化的珍贵遗产(图1-28)。

图1-28 福林寺外立面及内景

1.6.4 福林寺价值分析

1.历史价值

福林寺为历代名僧驻锡之处,其中最著名的当属弘一法师。福林寺是弘一法师最后的闭关之地,至今仍保留诸多墨宝和题刻,是研究其生平及作品不可移动的重要资源。自明万历年间始,福林寺历经多次翻新重建(其中不乏华侨和乡族力量的投入),逐渐完善了基本格局,是近代福林华侨助力家乡物质和精神建设的历史见证,对近代晋江华侨侨乡建设史乃至闽南华侨史的研究意义重大。

2.文化价值

福林寺庙石柱、石门处多有福林村乡贤及高僧的题字,其中以弘一大师亲笔撰题的联句为最。如楹联"胜福无边岂惟人天福，檀林安立是谓功德林"，横批"离垢地"，这副楹联暗藏了两个"福林"；又如"福德因缘——殊胜，林园花木欣欣向荣"，横批"清凉园"，多是应时应景而作，字体多雄健洒脱，引人注目，具有极高的文化价值。同时还有憨山大师醒世歌、杜培材赠弘一匾，等等，具有极高的文化价值。

参考文献

[1] 泉州分行行史编委会.泉州侨批业史料[M].厦门：厦门大学出版社，1994：22-26.

[2] 福建省政府秘书统计室.福建省统计年鉴[Z].福建省政府秘书处统计室印，1937：97-98.

[3] Douglas S.Massey，Joaquin Arango，Graeme Hugo，et al.Worlds in Motion：Understanding Tnternational Migration at the End of the Millennium[M].Oxford：ClarendonPress，1998：17-59.

[4] 李岳川.近代粤闽华侨建筑审美心理描述[J].华中建筑，2013，31（4）：152-155.

[5] 刘传林，陈栋，王培.古村落空间格局在村庄规划中的延续[J].小城镇建设，2010（7）：97-103.

[6] 编舒.中国近代教育史资料[M].北京：北京人民教育出版社，1961：128-130.

[7] 陈志宏.闽南侨乡近代地域性建筑研究[D].天津：天津大学，2005.

第2章 共同演进视角下的福林村文化保护与侨乡振兴

2.1 初代华侨对福林村的建设

华侨是侨乡发展的重要推动力,与政治、经济、文化、社会等因素一样,是影响侨乡发展的一个重要外因。近代华侨对侨乡作用的发挥不是孤立存在的,多依靠传统"差序格局"式的社会网络,从经济支持以及文化灌输等领域对侨乡的发展产生影响。福林村初代华侨对侨乡的建设兼具"物质建设"和"意识形态"两个层面的内涵。

2.1.1 物质建设

19世纪中期,部分初代华侨于海外发家致富后开始参与福林村的建设,成为影响福林村物质建设的重要因素。他们通过输入侨汇等经济手段为侨乡的物质建设提供支持,主要体现在三个层面:

1. 华侨赡家侨汇建设新侨乡大厝,影响村落格局演变

1893—1919年,华侨汇款侨汇的作用以赡家为主,范围主要集中在乡村地区[1]。赡家侨汇存在两个方面的基本用途——用以维持家眷生活及养老送终。"维持家用"的侨汇主要用以维系家庭日常开支、婚丧嫁娶及人情往来等应酬活动,而用于"养老送终"的侨汇则多与建房、买田及造坟相关。依据林金枝先生于《近代华侨投资国内企业概论》中对晋江市石狮镇侨汇用途的调查可知,新中国成立前华侨侨汇寄回国内的58%用于侨眷的日常开支,房屋建设费用占比20%,处于第二位。

闽南俗语云:起大厝、买田、成亲是华侨回乡三大事。早期经济实力较为雄厚的华侨回乡后建连片大厝,而经济实力较弱的华侨同样建设了或大或小的"大厝"。大量的侨建大厝改变了福林村早期在"昭穆制度"的影响下围绕祖厅、祠堂等向心性发展的村落特征格局,开始呈现出依水扩展的"条带状"聚落基本格局。

2. 华侨慈善捐款建设公共设施,加快村落基建现代化

福林村初代华侨除潜心住宅建设之外,对家乡的慈善事业亦慷慨解囊。19世纪,福林村初代华侨热心于家乡慈善事业,参与移溪安民、造桥修路、重修宗庙祠堂等公共活动,极大地改善了村民的生活状况。如1864年,华侨许逊沁先生出资主导阳溪

改道，为福林村解决水患，并在旧村西南侧开辟出数量众多的良田供村人耕种。值得一提的是，福林村近代华侨早期慈善活动范围未受到"地缘"以及"血缘"的束缚，在福林村之外的晋南地区，一系列慈善事务同样得到福林村华侨的鼎力支持。

3. 华侨侨汇促进商业建筑建设，促进村落经济发展

在农耕社会时期，福林村人以"自给自足"的生活方式为主，经济水平较低，物品流动性较小，商品匮乏。19世纪华侨侨汇的大量寄回极大地提高了福林村以侨眷为代表的人群购买力，侨眷对商品的多样需求欲望逐渐增强，购买除柴米油盐等生活必需品外的洋布、糖类等奢侈物品，故而催生了福林村糖、油等作坊的兴起。侨汇的涌入极大地促进了福林村资金的流动，同时由于早期侨汇输入通道并不稳定，村中侨眷可支配资金出现周期性的变化，不时依靠典当物品进行资金周转，进而催生了"典当"等金融行业的兴起和发展。

由于福林村在物产和交通上没有明显优势，早期福林村的侨汇并未催生出大型墟市和商业新建筑的出现，福林村人如遇到婚丧嫁娶等重要活动，购买商品仍需前往其他地区。该阶段福林村虽有部分糖油作坊及典当行存在，但此类商业空间仍与居住空间并置，没有形成专门的空间，可见早期福林村并未完全摆脱"传统农耕社会"的空间和建筑特征。直至20世纪30年代，经过许经果等华侨和檀林市政会的努力，建设通安街，福林村才开始出现大型的市场和专门的商业建筑。

2.1.2 意识形态建设

费孝通先生在"文化自觉"的定义中明确指出："其意义在于生活在一定文化中的人对其文化有'自知之明'，明白它的来历、形成过程、所具有的特色和发展趋向，自知之明是为了加强对文化转型的自主能力，取得决定适应新环境、新时代文化选择的自主地位"。在文化传播的影响下，近代福林村侨乡对外来文化明显地表现出崇尚的态度，外来文化很容易地渗透到侨乡文化的物质和精神层面，引起两个层面的文化转型，形成自成风格的侨乡文化。[1]

19世纪90年代福林村尚属农耕社会，以自给自足的自然经济为生，其特点之一就是人员流动性较弱，"安土重迁"思想在村民中盛行，只有遇到严重的天灾人祸，人们才会背井离乡，伴随清政府闭关锁国的政策加持，该时期福林村出国谋生者较少，海外华侨与村内沟通交流有限，华侨对福林村村民的意识形态未产生重大影响。19世纪，迫于国内局势动荡，初代华侨前往海外谋求生路。得益于该时期海禁政策的放松和侨批业的发展，初代华侨在海外发迹后便与侨乡频繁交流，寄回侨批侨汇，促进了侨乡物质建设和意识形态的变迁。在外来商业文化以及西式文化的渗透下，福林侨乡本土文化的"自知之明"发挥了文化自觉的作用，为适应新环境和时代的要求进行文化重构和文化转型，商业思想迅速在福林村蔓延，传统的自给自足农耕经济模式开始解体，重农抑商的思想观念开始转变；相比于中国内地乡村地区，沿海侨乡思想转变

的过程更为直接而迅速。

1. 福林村传统农耕思想向商业思想转变

19 世纪，福林村对于商业观念以及商业思想的传播和接收源于侨汇、西方文化的刺激和乡人对华侨雄厚资产的艳羡，属于被动影响和主动接受的过程。部分福林村乡人目睹华侨外出带回的丰厚收益以及"起大厝"等建设活动，在一定程度上对封建社会的"万般皆下品，唯有读书高"和"士农工商，商为末"的传统价值观念造成冲击。经商带来的实在好处使商业观念在村中蔓延，成为早期侨乡商业思想的启蒙。

经过初代华侨于海外的艰苦努力以及人脉资源的涵养，至 19 世纪末，福林乡人出国的途径逐渐顺畅，乡人出国打工、经商以及华侨携家带口出国逐渐增多。但由于该时期尚属于福林村商业思想启蒙阶段，福林村中宗族思想和传统的农耕思想仍较为顽固。华侨新思想并未动摇福林村"传统小农"思想的根本，没有形成出海经商的高潮。

总而言之，19 世纪福林村在价值观和意识形态层面开始与传统闽南乡村产生分野，华侨在商业思想等层面对福林村起到了思想启蒙作用。

2. 福林村重视基础教育培养人才

福建闽南地区历来重视教育，人多地少的现状使得依靠传统农耕生活无法自给自足，而读书取士作为实现阶级跃迁的唯一手段历来为大家所重视，故福建自古便有"地瘠栽松柏，家贫子读书"之说。早期闽南私塾教育多注重为皇帝培养科举取士人才，意在通过"十年寒窗苦读"得以一朝金榜题名，光宗耀祖，特别是清朝"八股取士"的出现，使得教育培养出众多脱离社会生活、手无缚鸡之力的人。

早期在海外见识了外籍商人将优越的组织和科学的商业管理手段应用于商业获取更大的利益，华侨将其归于外籍商人受教育之功，因而初代华侨开始重视福林村后代的教育。华侨办学受海外学校模式的影响，认为训练谋生技能应是学校的基本功能。不同于传统的私塾教学，华侨在侨乡的办学绝大多数是启蒙私塾及小学，往往更注重初级教育。华侨社会里并不需要较深的学问，他们认为学生能读书、写信、记账，就可以谋事并帮助大人开展业务。故此该阶段华侨虽然较重视教育，但其目的多在扫盲。

19 世纪中期，许逊沁先生捐资建造福林村第一所私塾——绿野山房。其在存续的几十年中改变了福林村早期"能提笔写字之人百无其一"的局面。绿野山房的建设改变了早期私塾以"取士"为主要目的的人才培养方式，为华侨商业的发展培育了源源不断的商业人才。同时"绿野山房"并非一家之私塾，其面向福林村招收学生、有教无类，为福林村的文化启蒙以及教育发展作出了卓越贡献。

2.1.3　总结

19 世纪早期，福林村主要以富裕华侨为中心展开相关建设活动，借助侨汇的力量改变乡村传统的经济结构和生产生活方式，触动福林村的物质空间和意识形态的变迁。在物质空间层面，华侨通过建设自宅改变了村落围绕宗族空间向心发展的基本格局，通过参与公益事业促进了侨乡公共建筑的建设，通过侨汇刺激建设了商业空间。在意识形态层面，这些行为促进了福林村侨乡的现代化进程，并在潜移默化中促进了福林村侨乡传统农耕社会意识形态的瓦解，改变了原本"重农抑商"的传统，从而使得福林村从传统农耕社会逐渐向商业社会过渡。

尽管福林村初代华侨受西方影响颇深，但并不能摆脱宗族社会伦理和价值观的约束，在处理集体事务和公益事务的过程中多遵循传统的"宗族秩序"和"差序格局"，特别是"慈善事务"多围绕"血缘"和"地缘"展开。同时，华侨华人对于家乡事业的直接参与，在该阶段具有浓厚的宗族主义色彩，往往带有鲜明的"光宗耀祖"、维护家族与地方社会对外"公共面子"的目的，使得福林村侨乡展现出不同的发展特征。

2.2　华侨建设时期福林村建筑特征

福林村华侨华人出于光宗耀祖的精神需求、造福乡里的普世愿望以及改善生活的现实需求，积极参与家乡建设。在多方力量的影响下，福林村逐渐建设、发展，形成了覆盖面积广、建筑形制丰富的侨乡建筑，成为福林村意识形态、审美思想和华侨文化的缩影。

福林村侨乡的建筑建设展现了中外建筑文化从接触到冲突再到融汇创新的全过程。与早期开埠城市的新文化和新建筑形式在"西方殖民主义者"以及"西方殖民主义文化"的冲击之下被动植入不同，福林村对于外来的西方、东南亚文明更多的是一种从善如流的主动选择和缓慢内化的过程，体现了较为强烈的民间自主演进的特征。但是这种演进的过程又极不彻底，外来的建筑文化在侨乡传播的过程中同时受到传统建筑体系的抵抗，使福林村侨建建筑在各个时期出现了不同的类型特征，展现了外来建筑形式在福林村多层级、多模式、多路径的自适应性发展过程。外来的、新的空间形式和本土的、传统的空间形式在近代福林村侨乡这一特定时空中进行博弈，塑造了福林村多元化的侨乡建筑景观。

以下将从建筑类型及其演变特征、建筑单体的风格特征及其相关影响因素两个层级对福林村建筑特征进行梳理总结。

2.2.1　华侨建设时期福林村建筑类型及其演变特征

早期福林村建筑类型以居住建筑和宗教建筑为主，后在华侨和侨汇的推动下产生了教育建筑和商业建筑，丰富了福林村的建筑类型。以居住建筑为代表的福林村侨建建筑在逐渐西化的过程中受到中西方文化和传统建造技艺等因素的影响，衍生出多种形态的侨乡居住建筑（图2-1）。

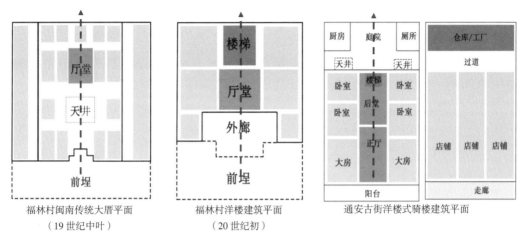

福林村闽南传统大厝平面　　福林村洋楼建筑平面　　　　通安古街洋楼式骑楼建筑平面
（19 世纪中叶）　　　　　　（20 世纪初）

图 2-1　通安古街骑楼建筑平面适应性演变示意图

1. 教育建筑和商业建筑的产生

近代福林村的教育建筑多由华侨主导建设。早期福林村教育建筑多以私塾的形式存在，作为侨居建筑或宗教建筑的附属建筑加以建设，其建筑形制及风格与传统的侨建大厝较为相似，且并未形成与教育活动相适应的专门性的建筑空间。及至 1958 年华侨筹集资金新建檀声小学，福林村方产生真正意义上的现代教育建筑。

商业建筑的出现得力于华侨和檀林市政会等华侨团体的推动。19 世纪初期，随着福林村华侨的大量出国，侨汇输入增多，侨乡侨眷的购买力需求得到极大程度的提高，促进了福林村商业街"通安街"的建设。通安街的建设将骑楼建筑形式引入福林侨乡，使福林村出现了专门的商业街区以及与之相适应的专门商业建筑。骑楼建筑的出现是对东南亚国家商业建筑以及中国国内近代市政建设背景下骑楼街区建设经验的借鉴。同时骑楼建筑作为舶来的建筑形式，在引入侨乡的过程中因建设主导力量的不同产生了不同的风格特征，包括富裕华侨主导建设的框架结构骑楼和市政组织主导建设的木制梁架结构联排式红砖骑楼。

2. 侨建居住建筑地适应性演变

福林村侨建居住建筑建设属于华侨个人或者华侨家族集体的建设活动，受华侨价值观、审美意识、现实需求以及精神需求等因素的影响较大。以华侨文化为代表的外来文化在福林村逐渐渗透的过程中受到传统文化的抵御，使得福林村数量最多的居住建筑产生一个较为连续的演变过程，出现了由平面展开式的闽南传统大厝空间逐渐向楼化的番仔楼空间过渡的完整过程，并由此催生出众多过渡形式的侨建居住建筑。

19 世纪中叶初代华侨回乡，以泉州传统大厝为原型建设居住建筑，在建筑格局上延续传统大厝空间中轴对称的布局形式，由主厝、护厝和厝埕构成建筑的主体部分，并通过增加护厝以及增加建筑的"进数"实现建筑的扩大，形成占地面积广大、装饰精美的红砖侨建大厝。后期华侨受南洋生活和西式文化的影响，开始谋求建筑竖向层面的发展。受限于建造材料、建造技艺等因素，建设早期主要通过增加二层的夹层、二层增加叠楼以及在榉头间上部增加角楼等方式实现建筑竖向层面的扩张。及至20世纪初期，借助洋灰钢筋等新材料和建造技艺建成2层框架结构建筑"番仔楼"，实现了福林村居住建筑的楼化过程。

3. 建筑平面空间的发展与继承

福林村近代居住建筑在发展过程中逐渐向西式风格靠拢，但未完全摒弃闽南传统空间形式，在建筑平面空间上适应性发展出"四房看厅"的布局形式，体现出对闽南传统中轴对称的厅堂空间的继承与发展。在商业建筑中，20世纪初期，在通安古街洋楼式骑楼建筑二层中可见泉州传统大厝"厅堂空间"的平面空间形式。在部分楼化的侨建大厝和番仔楼中创造性地保留了天井空间，既是对传统大厝"四水归堂"空间的继承与延续，又是番仔楼建筑在应对闽南炎热气候时的适应性改造，起到改善内部空间光热性能的作用。此外，部分洋楼还形成外向型的外廊空间，在一定程度上是对传统大厝塌寿式的入口空间的模仿。

2.2.2　建筑风格特征及其影响因素

1. 建筑风格特征

福林村早期侨建居住建筑延续泉州传统民居"红砖白石双拨器，出砖入石燕尾脊"的建筑风格，其中红砖白石的色彩风格为其最基本的特征。19世纪之后福林村近代侨建建筑开始大量使用外来的建筑材料，在建筑形式以及造型艺术上参考西式建筑的基本样式，建设番仔楼及骑楼建筑等。新类型的建筑在建设过程中受到侨乡传统建筑文化审美以及当地工匠建造技艺的限制，在材料、营建方式上选择"新旧结合"，进而使20世纪之后的福林村侨建建筑展现出较为明显的中西结合的折中主义风格（表2-1）。

2. 材料选择及装饰特征

19世纪中期福林村尚处于农耕社会，传统思想较为强烈，故而该时期福林村的建筑采用红砖、白石和杉木作为基本的建造材料，并且延续早期泉州红砖大厝的风格。

及至19世纪末、20世纪初，随着西方文化以及华侨文化影响的不断加深，福林村居住建筑开启"楼化"进程，为解决结构受力问题，建筑开始使用洋灰、钢筋等舶来材料建造框架结构。与此同时，在建筑围护构件上仍大量使用红砖、白条石等泉州本土的建筑材料，使得福林村近代的番仔楼和骑楼建筑在模仿西式建筑的同时并未背离传统的泉州侨乡审美特征，表现出较强的折中主义风格，进而使福林村建筑在整体风貌上保持一定的延续性。以下我们从建筑材料选择和装饰特征层面进行分析：

福林村不同风格居住建筑立面材料选择及特征分析　　表 2-1

类型	传统古厝	番仔楼	洋化古厝	
民居	养兰山馆	端园	望月楼	斗室山庄
立面图片				
立面材料	柜台脚和裙堵均为白色花岗石，身堵为红砖，水车堵为灰塑	立面柱为白色花岗石，墙身为红色烟炙砖，房间阳台栏杆为铸铁材料	柜台脚和裙堵均为白色花岗石，身堵为红砖，水车堵为灰塑。二层白色花岗石柱上为杉木斗栱	柜台脚和裙堵均为白色花岗石，身堵为红砖，水车堵为灰塑
白石				
红砖				

（1）材料选择

①红砖

红砖是泉州地区传统的建筑材料，多用于大厝墙身身堵，一般分为带花纹雕刻的花砖和普通方形烟炙砖，在砖石墙的装饰和美化上有特殊的表现。红砖拼贴装饰在家族群厝中的延续运用使福林村形成了独具特色的红砖文化。

早期福林村侨建建筑多采用烟炙砖，通过拼贴组砌等方式创造出丰富多样的纹样图案。在下大群厝、养兰山馆、端园等多个时期的侨建建筑中均体现出烟炙砖的延续性使用，并在这一过程中发展出多种造型。养兰山馆利用六角形花砖拼贴为梅花纹，东西两侧各有单砖雕和拼砖雕构成的具有吉祥寓意的装饰图案和万字形回纹纹样，体现出养兰山馆在建筑群厝中的主要地位。端园则采用定制红砖，在设计中融入西方比例尺寸，"砖瓦窑"采用尺寸较大的特制砖模制造，延续传统烧制工序，使得红砖同样印有黑色烟斑。

②白色花岗石

白色花岗石在闽南地区产量较大，广泛应用于建筑立面的柜台脚、门框窗框、台阶栏杆，柱子等部位。此外，白色花岗石还用于建筑主体和承重结构，在承重部位堆叠，形成结构柱和框架梁，与墙身的红砖形成鲜明对比，突出结构体系，表现出现代建筑的功能主义特征。

③洋灰、钢筋

近代泉州地区洋灰、钢筋等材料多由台湾省舶来，故而价格较为昂贵，多用于富裕华侨所建造的番仔楼以及洋楼化骑楼的承重结构部分。相比于早期福林村砖木梁架结构建筑，洋灰、钢筋等材料的使用配以科学的框架结构极大地提高了建筑的耐久性。同时后期部分建筑立面采用水刷石和水洗石覆盖裸露的红砖，使得建筑呈现出更为强烈的西式建筑风格特征。

（2）装饰特征

福林村侨建建筑是近代华侨用以彰显自身财力、表达身份认同的重要载体，故而在建筑装饰上一般都会比传统大厝更为奢华。部分侨建建筑外部及内部采用了中、西两种迥异的装饰风格，体现了近代华侨的矛盾性。

19世纪中叶的侨建大厝采用外来的建筑材料与装饰工艺。番仔楼及洋楼式骑楼在外观上多采用仿西式的柱式和花纹铁框窗，室内使用水泥印花地砖、花纹铁件栏杆等构件，使得建筑外观极具西方建筑风格。部分华侨为保证其建筑美观性，曾专门聘请国外建筑大师进行设计。例如，从端园中民国二十二年（1933）的侨批可以看出，许经撇曾专门聘请意大利设计师绘制图纸，并通过侨批与在地的工匠沟通，进而指导建设，沟通内容甚至细致到相关构件的尺寸和材料的使用。在建筑细部构造层面，中西式装饰艺术风格使建筑雕刻和细节线脚更加多元且精彩。在建筑装饰构件层面，铸铁窗户、琉璃宝瓶、水刷石等新材料与传统红砖白石的混合运用进一步丰富了建筑立面表达。

相比于20世纪福林村侨建建筑强烈的西式风格外观，福林村番仔楼等建筑内的设计如陈设、壁画等依旧采用中国传统样式，反映了华侨洋楼的本质就是中国传统文化影响下的思想观念、艺术审美与西式建筑的有机结合。相比于其他地域的番仔楼及洋楼建筑，泉州地区的洋楼融入了更多的传统因素，使得原本就非纯正的西式建筑显露出更多的乡土特点。

3. 建筑结构及建造技艺

建筑建造技艺往往与建筑类型、材料和结构相适应。泉州地区早期传统建筑主要以砖、木、石为建造材料，而近代建造技艺的发展是应对新型材料和新型结构进行的适应性调整。

在侨乡居住建筑的建设过程中西式建筑形式与闽南当地匠人有机融合，产生了适应于闽南传统气候，既体现屋主华侨的身份特征，又扎根于闽南传统文化、依循"闽南传统空间秩序"的建筑新类型，并在发展的过程中逐渐为乡人所认可，进而成为影响新中国成立后福林村村居建设的最主要的建筑类型。

2.2.3 总结

通过对近代福林村侨建建筑的分析发现，以华侨为代表的西方文明与福林村早期传统农耕文明所形成的价值观和审美取向在近代侨乡建筑建设过程中存在矛盾。侨建居住建筑出现了由平面展开式的大厝逐渐向楼化的番仔楼演变的特征，这一过程循序渐进，但不彻底。

在建设过程中，建筑不断地发展变化，体现了中西方文化杂糅且以西式空间为主的特征。建筑在立面上极力模仿西式建筑造型，但围护构件却使用了大量的本土材料，内外部装饰等层面又或多或少地保留了泉州地区早期传统建筑装饰特征。同时，外来的建筑文化势力在侨乡传播的过程中受到传统建筑体系的抵抗，许多宗教建筑仍然保留了传统大厝的建筑特征，体现了"宗族思想"在福林侨乡具有极强的生命力和影响力。

2.3　当代华侨对福林村的持续建设与振兴

在福林村侨乡发展过程中，福林村海外华侨华人及其后代通过资金投入推动福林村乡村振兴。他们不仅参与乡村产业发展和景观提升，而且借助公益慈善、修建学校等活动回馈家乡社会，促进侨乡公平与稳定。血缘以及地缘关系网络至今仍是福林村侨乡获取慈善资源和华侨支持的重要渠道，同时也是促进福林村侨乡复兴的主要路径。

2.3.1　当代华侨对福林村建设实践

1. 助力物质建设

张赛在"华侨华人和港澳同胞助力乡村振兴——以闽浙重点侨乡为研究中心"一文中，将华侨华人和港澳同胞助力乡村振兴分为三个阶段：一是早期乡村建设助力阶段；二是乡村精准脱贫助力阶段；三是乡村全面振兴助力阶段，其中"精准扶贫"与"乡村振兴"两大战略在时间上有所交叉。[2] 海外华侨一直是近代福林村侨乡发展的重要推动力量，为福林村的发展持续贡献力量，在早期乡村建设阶段，福林村华侨通过捐资、捐物的形式，在基础设施建设和村容整洁方面作出了突出贡献，包括造桥修路、提升乡村景观、建校架电等多个方面的内容，在福林村经济产业发展层面，海外华侨通过资金投入促进福林村工业的发展。20 世纪 80 年代，福林村在华侨资金、人脉和管理技术的指导下大力发展工商业，成立了数量众多的工厂，21 世纪初便成为著名的"亿元村"。

近年在政府相关部门的动员引导和政策激励下，华侨开始加入福林村乡村振兴的建设。在长期的实践过程中，华侨意识到单纯依靠农业很难实现乡村富裕，故而在政府相关部门的推动下，尝试通过乡村旅游业促进福林村的发展。2021 年，华侨投资220 万元用于福林寺周边共 2251 平方米范围的环境改造提升；2022 年，依靠晋江政府组织的"百企帮百村、乡贤促振兴"行动，华侨接续助力"绿野山房项目"的修复以及活化行动。时至今日，福林村华侨仍然是村落物质空间建设的重要推动力之一，华侨等海外有识之士的参与也为福林村的乡村振兴工作送来一池春水。

2. 关注教育事业

教育事业一直是福林村华侨持续关注的重点，华侨对于福林村教育的重视始自绿野山房私塾的建设，早期作为私塾启蒙村中孩子，后虽历经多次产权变迁，但仍未改变教育建筑的本质。私塾于 1943 年收归国有之后仍作为夜校得以存续。福林村真正意义上的现代教育建筑为檀声小学，其在建设发展过程中两变校址，新校址的择地、投资和建设均得益于华侨力量的参与。海外华侨通过成立相关学校筹建委员会与福林村乡侨共同统筹檀声小学的建设事宜，并以血缘、地缘和个人人脉为纽带向海内外华侨募捐。与此同时，福林村华侨通过设立教育基金推动福林村教育的发展，例如，设立"扶困以及励学"奖学金，促进檀声小学教育质量的提高。华侨对于福林村教育事业的关注和建设有效促进了福林村早期教育事业的发展，保障了村民接受教育的机会。

2.3.2 当代华侨组织形式

随着经济势力的崛起，广大华侨华人业已成为促进祖国和家乡社会经济持续快速发展的一支重要力量和可利用资源。[3] 近年来，华侨多以个人和集体的名义参与故乡建设，其中个人投资多由富裕华侨主导，主要涉及乡村物质建设和乡村振兴等方面，范围较广，内容多样。而以同乡会和社团名义进行捐赠的行为，则多集中于慈善事业和家族集体事务。

1. 华侨个人

华侨助力家乡振兴源于对家乡的深厚情感和责任意识。近年来，学者多倾向于将参与乡村振兴的华侨华人视为"新乡贤"。2022 年在晋江市政府部门的动员和政策激励下开展乡贤促振兴活动，依靠华侨和企业家的支持促进晋江乡村振兴工作的开展。同时，参与家乡建设在一定程度上也满足了华侨自身的情感需求，这一点与近代华侨"衣锦还乡"的精神需求较为类似。

随着时代的发展，福林村海外华侨多以华侨二代及三代为主，初代华侨后裔常年生活于国外，对于故乡情谊不如早期深厚。出于现实考虑，单纯依靠"血缘"和"地缘"关系已经无法长久维系与海外"新华侨"之间的关系，在此基础上如何涵养华侨资源，是促进福林村乡村振兴的重要工作之一。

2. 同乡会及其他社团组织

华侨多以旅港同乡会、旅菲同乡会等"血缘""地缘"组织的名义参与侨乡建设，持续助力福林村教育事业的发展和宗庙祠堂等的重建。同乡会等社团组织作为华侨与国内交流的重要纽带，为华侨与侨乡的双向交流架起了桥梁。

2.3.3 总结

福林村华侨华人不仅助力基础设施建设、乡村产业振兴和生态环境改造，还关心乡村人才培育；他们捐钱赠物，为福林村提供支持，通过引进先进技术和管理经验促进福林村的产业发展。近年来，部分华侨通过历史建筑的保护及活化留住了侨乡技艺，提高了品牌效应，进而带动了福林村旅游业的发展。海内外华侨为福林村的乡村振兴作出了卓越贡献，从物质空间和意识形态两个层面改变了侨乡面貌，是当代福林村乡村振兴的重要助力者。

早期福林村多依靠村两委（村党支部委员会和村民委员会）及村中德高望重的耆老与海外华侨进行交流，近年来在政府部门的参与下，侨乡与华侨之间的联系更为紧密，华侨华人参与侨乡事务的热情、持久度、方式和程度均有所提升，推动了乡村振兴工作的开展。

2.4　福林祠堂建筑重修始末与集体行动

祖厅宗祠是家族与族群的根源，闽南地区华侨宗族观念强烈，宗祠祖厅建筑的修建正是宗族认同的体现。[4]自世祖开基后福林村分支繁衍形成各房份支派，以"昭穆秩序"为基本原则选址建立各房祠堂，经几代修建、翻新逐渐形成规模，延续至今。

福林村明朝伊始便开始兴建祠堂，清朝时期达到鼎盛。新中国成立后，祠堂文化日渐式微。改革开放后，海外移民掀起了回乡寻根谒祖的热潮，在海外华侨堂亲的支持下，福林村民众把海外慈善资源转化成经济资本和文化资本，依靠华侨的财力进行不同房份祠堂的建设。福林村祠堂建筑的重修以及祠堂文化的复兴是福林村民众主动获取和充分利用海外慈善资源的体现，海外堂亲的经济支持和村内亲族人力、物力的集体行动均有效地促进了宗族文化的复兴与延续。

2.4.1　福林祠堂重修行动

出于年久失修、自然损耗、火灾等原因，福林村宗祠几度兴衰，清末、民国及 20 世纪末均进行过较大规模的重修和重建，其中包括以整个乡族宗亲为行动主体的许氏宗祠的建设以及以各自房份为单位的祖厅重修。

许氏宗祠始建于明末天启年间，1851 年菲侨许逊沁捐资重修宗祠，并邀请乡中亲族共同协助料理重修宗族事宜。20 世纪 30 年代，华侨许经撇等人捐资再次重建。宗祠在华侨华人的不断支持和维护下至今依然保存完整。许氏祠堂的重修是在富裕华侨及乡贤主导下由海内外福林同胞共同协作保护宗祠的集体行动。

此外，各房份也在海内外亲族的支持下多次重建。例如，长房份祖厅于抗日战争胜利后由旅菲华侨许自泰先生出资主导重建（以供长房全房作祖厅之用），下三房祖厅于 1915 年由各房亲集资建造等。福林村祖厅和祠堂等空间基本保持了早期建筑的基本特征和格局，时至今日仍是供奉祖先灵位、举行宗族活动以及海外侨胞寻根谒祖、寄托家族情怀的重要场所。

2.4.2　以"血缘"关系为主导的社会关系对福林村祠堂重建的作用

福林村祠堂是家族性的祭祀空间，在保护修缮的过程中资金筹集和施工修缮等的实施更多地依赖于亲缘和血缘关系。修缮多以房份为基本单位，由旅外华侨或者族中耆老牵头主导，各自房份海内外亲族及房亲提供人力、物力、财力，故而相关建设活动具有"小规模、延续性强"的特点。

福林村祠堂重建行动是以血缘关系为纽带的社会关系网络，是福林村物质空间塑造的有力见证，同时也是福林村民众主动获取和充分利用海外慈善资源的结果。在海外移民的支持下，福林村民众把海外慈善资源转化成了文化资本和经济资本，依靠华侨的财力进行不同房份祠堂的建设。

在资金筹集层面，存在由华侨个人独资赞助、海内外华侨集资赞助和乡中亲族按丁缴款等多种筹款模式，其中早期以华侨捐助方式为主，由主导人发起，按照血缘亲疏关系联系海外华侨亲族捐款。后期祖厅重修活动则采用海外华侨亲族集资的模式进行。改革开放之后，随着福林村经济水平的提高，房份祖厅等修建活动中出现了由乡中亲族按丁缴款的集资模式。该阶段同时存在着多种集资模式并存的局面，海外华侨同胞以及在乡亲族在福林村祠堂的重建中共同起着重要作用，促进了宗族文化的延续与发展。

在建设力量层面，福林村祠堂的重建与修复不仅需要海外移民的支持，最为关键的是要得到侨乡当地政府以及乡族同胞的认可和支持。祠堂建设的具体事宜多在政府和村集体的主导下，由族中耆老、长辈及在乡华侨主持，村中亲族出力及聘工进行建造，其间，海外华侨及乡族通过侨批和多种联系方式实现了有效沟通，促进了福林村祠堂建设活动的有序展开。

2.4.3 总结

依靠亲缘和血缘形成的关系网络在促进福林祠堂的重修过程中发挥着决定性作用。海外移民和侨乡之间的互动是双向的，福林祠堂的多次修建是在宗族血缘的影响下，以"差序格局"关系为主导的，有效地促进了侨乡物质空间建设和意识形态塑造，以及海外华侨的归属感和宗族威望的提高，实现了多赢的局面。

在政府的支持与引导下，福林村村民依靠多种力量建设福林侨乡祖祠，为保留福林村侨乡宗族文化空间、延续福林村宗族文化、增强宗族凝聚力发挥了重要作用。福林村海内外侨胞和在乡亲族以捐建祖祠和展开的祭祖活动为契机，搭建交流平台互通资源，促进了侨乡文化、旅游、商贸与公益事业的发展，同时也为侨乡的进一步发展创造了机会。

早期福林村祠堂的重修多以血缘为纽带，模式符合祠堂的特殊性，但祠堂的性质和功能也因此受到了限制。如何利用海外慈善力量将宗教资源转化为文化和经济资源，促进福林村祠堂等宗教建筑转型为文化资源场所，以点带面促进福林村的乡村振兴工作，是今后福林祠堂活化更新的重要方向。为实现福林村祠堂由宗教资源向文化资源的转型，除了依靠血缘和地缘关系之外，还需引入政府、华侨、媒体及学者等多方面力量的参与，盘活福林村的宗教资源，为福林村祠堂文化的复兴找到一条传统与现代、经济与文化相结合的路径。

祠堂修复的全过程由华侨和村民自发推进，但福林村的全面振兴还需依靠其他多点资源的活化利用。借助评选中国历史名村的机会和福林村上下五代华侨的资金力量，相关政府搭建平台，联系厦门大学建筑与土木工程学院专业团队对福林村进行全面设计，保护和活化有价值建筑，旨在实现村落经济和文化的双重复兴（表2-2）。

福林村乡村振兴建筑修复与活化项目　　　　　　　　　　　　　　　　　表2-2

福林村乡村振兴建筑修复与活化项目		
项目类型	改造地点	项目展开方式
修复	福林祠堂	村民主导，华侨出资
	书投楼	政府主导，团队设计，华侨出资
保护与活化	福林渡槽	政府主导，村民参与团队设计，社会与政府出资
	绿野山房	政府主导，团队设计，华侨出资
景观提升	古街旅游路线	政府主导，团队设计，社会与政府出资

2.5　华侨祖厝书投楼修复始末

2.5.1　书投楼修复项目背景

书投楼基本概况

书投楼始建于1946年，由华侨许书投、许书强兄弟合资建造，为许书投家族后裔居住生活的场所。书投楼平面采用闽南传统展开式的厅堂布局，建筑在榉头间增加角楼实现楼化；二层架设梳妆楼、铳楼、阁楼及部分隐蔽夹层，形成功能复杂空间，属于福林村居住建筑由"泉州传统大厝"向完全楼化的"番仔楼"过渡的中间状态。

书投楼由于华侨的建设背景、独特的建筑形式、中西结合的建筑风格以及丰富的装饰艺术等，成为福林村体现侨乡文化的典型建筑代表，兼具历史、文化、艺术和科学等多重价值。

书投楼自建成以来，除日常维修以外，未经历过大的形制变更。2000年，由于福林村文物盗窃情况严重，书投楼门口加建防盗铁门，院门由原先的木门更换为防盗铁门。2008—2009年，书投楼西北侧通往厨房的护龙及亭子倒塌，住户将其改建成卫生间，以适应现代居住使用的要求，同时后厨房及二楼储存空间闲置，东南侧两房作为后来的厨房空间使用。总体而言，书投楼建筑整体格局和历史风貌保存尚好，但由于自然损耗和人为活动，致使建筑完整性遭到破坏，同时具有一定的安全隐患，急需保护修缮。

2021年5月，厦门大学建筑与土木工程学院应华侨业主委托对书投楼进行保护修缮，在此基础上通过充分挖掘，记录书投楼的历史价值，形成可传承、传播的数字化资料，旨在通过数字技术的介入更好地指导测绘修缮工作，同时为传统工艺和优秀文化的传承提供了新的途径与契机（图2-2）。

图2-2　书投楼修复前

2.5.2　书投楼保护修缮及活化工作

1. 书投楼保护修缮及活化策略

以满足业主需求、保护建筑遗产和留存建筑信息为目的，在勘测、测绘和定损的基础上对福林村书投楼进行保护修缮，该阶段以保证建筑的真实性和完整性为基本原则，贯彻"保护为主，抢救第一，合理利用加强管理"的文物保护方针，保护书投楼建筑实物遗存及其相关环境要素，旨在通过修复和管理措施真实、全面地保存并延续书投楼所具有的历史信息及价值。在建筑保护修缮过程中，采用局部落架、屋面全揭瓦的方式检修檩条和望砖情况，打牮拨正，补配缺失构件，替换受潮构件，梳理建筑排水系统，整治白蚁等，排除影响书投楼建筑正常使用的各种危险因素，解决现状屋面漏雨、建筑墙体受潮、构件歪闪等问题。同时，在最少干预的条件下修补损坏的构件，添配缺失的部分，清理污染物，保持书投楼应有的样貌和健康状态。

华侨业主不仅希望高质量地完成修缮，而且希望通过对建筑营建工序进行解析，还原、记录书投楼的建造过程及其建设背景，为远居海外的宗亲后代留存住家族记忆。因此，在充分的史料搜集和田野调查的基础上还原书投楼的建设背景、建设历程等信息，并在此基础上利用新技术、新设备对书投楼进行测绘勘查，分析营造技艺及工艺，结合数字化手段解析和记录，最终将相关成果以"数字博物馆"的形式呈现。团队利用多媒体图形技术、声音技术和交互技术对华侨家族历史和书投楼建筑空间进行展示，让远在海外的华侨华人不受时间、场地、环境限制，浏览书投楼的相关文化信息，产生身临其境之感，加强华人业主、华侨家族对家族史、建筑文化的了解，进而通过数字的手段留存住早期侨乡建设的集体记忆，激发海外华侨对侨乡的"家国之思"（图2-3）。

图2-3　天井修复前后对比

2. 技术路径

在传统法式测绘的基础上，本次修复活动引入"三维激光扫描、点云成像技术""虚拟仿真技术""局部构件3D打印"等技术。

（1）三维激光扫描、点云成像技术

为了解决传统法式测绘中人工误差的问题，对梁架、斗栱、屋面等复杂构件、部位进行了更为细致的测绘，本项目利用三维激光扫描、点云成像技术和倾斜摄影技术辅助传统古建筑测绘与残损勘查，建立书投楼静态数据基础，为书投楼保护修缮过程中的数据采集、数字化存档、数据分析、场景展示和遗迹修复等提供参考。

（2）虚拟仿真技术

利用虚拟仿真技术辅助修缮设计对营建的工序、工艺进行数字重建。在修缮设计过程中通过虚拟仿真技术还原建筑原面貌，建立建筑遗产三维模型，并通过与业主的多次沟通确认空间原真性，不断优化建筑修缮方案。同时计算机虚拟仿真技术让参与者从多方面感知建筑，用户在虚拟环境中体验临场感、交互感，更加直观地感受闽南传统建筑的营建工艺。虚拟仿真技术辅助修缮设计可以极大地提升建筑设计的效率，更好地提高建筑的设计质量，节约生产建设成本。

（3）局部构件3D打印

书投楼封檐板上的砖、瓦当、立面纹样砖等材料构件多有残损缺失，由工厂重新开模制作成本高昂且需求不大,因此本项目采用3D打印技术补配零星构件解决此问题。与传统制造方法相比,3D打印技术的零件生产速度更高效,不同构件的生产更灵活,新材料的选择更多,可以有效改善构件的耐热性及耐久性,同时节省资源,减少废物和副产品的数量,降低排放和碳足迹,更加绿色环保(图2-4)。

图 2-4　书投楼修复过程

（4）建立数字博物馆

数字博物馆是运用数字技术,将实体博物馆的职能以数字化方式完整呈现的方法,是一种线上虚拟可互动的展示形式,让观众突破时间、空间限制,随时随地在线欣赏博物馆展览。通过建立线上数字博物馆的方式,使海外侨胞更直观地了解书投楼的前世今生,有利于加强与家乡的联系,发扬闽南传统文化,同时精准解析与记录书投楼修缮工作的施工工序和工艺。

3. 成果

项目专家、领导、学者、游客等不同群体均到实地参观考察,在文化、环境、社会、经济等方面产生了积极的影响:

（1）文化效益

书投楼保护修缮工程竣工后,联合国教科文组织和世界遗产培训研究中心专家曾到访福林村,着重参观考察了书投楼的遗产活化工作,并提出了相关建议。建成后的书投楼数字博物馆将闽南古厝传统工艺进行可视化操作,直观地展示施工工序工艺,传承并发扬了传统文化,为海外侨胞提供交流平台。书投楼保护、修缮及数字化呈现作为一张名片,有效地促进了福林村乃至泉州地区华侨文化的传播。

（2）社会效益

项目建成后多次举办乡镇各类会议和文化沙龙活动,发挥了空间价值。福林村与厦门大学达成深度合作,在村中建立高校乡村共建基地,启动传统古村研学工坊,组织大学生乡村实践、研学活动.为"校村企"三方合作交流互动发展搭建平台。此外,书投楼修复项目还获得了2023年度福建省优秀工程勘察设计成果二等奖,被社会各界认可。

（3）经济效益

2023年福林村收到重点改善提升历史文化名镇名村传统村落专项补助资金,利用

"五古"（古村、古厝、古寺、古校、古街）的特点发展旅游，吸引了众多游客旅游参观，提高了社会关注度，带动了福林村的经济收益。

2.5.3　"强关系—弱关系"视角下书投楼的保护与活化利用

在侨乡建设和现代化过程中，以亲缘和地缘为基础的"强关系"为乡村发展提供了必要的资金支持。华侨祖厝书投楼修复工作是在华侨的支持下，依靠村两委的力量得以开展的，是一个华侨乡愁出资修复自家宅第的典型案例。其中华侨资金支持是项目得以顺利展开的先决条件。在具体的保护以及活化策略实施层面，除了"强关系"的进一步延伸和拓展之外，侨乡还需要利用具有异质成分和制度因素的"弱关系"寻求乡村振兴过程中的技术支持。在该阶段部分学者以及专业团队的介入，是项目突破现有条件禁锢进而实现成果的重要途径。

在书投楼的保护及修缮过程中，通过引入高校的专门团队使书投楼得以保护和活化，突破对传统建筑"修旧如旧"式的修缮与保护方式，采用"三维激光扫描、点云成像技术"等创新技术对建筑进行数字建档，并最终以数字博物馆的形式将书投楼的空间实体以及非物质的历史、文化内涵进行呈现，实现"讲好华侨故事"与"保护好物质资源"的有效结合。

福林村两委以及政府部门在寻找"强弱关系"中起着重要"结构洞"的连接作用。华侨、政府以及高校专业设计团队从资金到具体实施层面进行合作，为促进福林村建筑保护乃至乡村振兴工作的开展起到了重要的推动作用。

2.6　闽南传统家族式书院——绿野山房保护活化的探索

家族书院指一个家庭创建的供一个家庭甚至整个家族使用的书院空间，还指合族创建、合族使用的书院场所。[5]闽南传统家族书院是传播闽南传统儒学思想的重要场所，作为闽南地区历史上重要的文教建筑，其建筑形式及材质、空间形态等体现了闽南文化对传统书院的影响，具有鲜明的闽南地域特征。

目前，由于相关人员对传统建筑认识上的不足和保护设计方法的落后，我国对闽南传统家族书院的保护利用与社会发展之间存在种种矛盾。由专家主导的自上而下的工作使相关建筑的保护和利用存在局限性和保守性，使"书院"这种不可再生资源因与现代社会的发展格格不入而迅速消失。文化遗产保护的核心问题是价值问题，建筑遗产价值的存续与活化之于社会存在和演进的重要性显而易见，亦是建筑遗产研究的核心内容。[6]

2.6.1　绿野山房修缮项目沿革与现状

绿野山房作为闽南传统家族书院，具有鲜明的闽南地域特征和时代特点，但由于现代教育的模式和内容与传统书院建筑空间格局不再匹配，家族书院失去了原有的教育功能，建筑本体仅作为"纪念性单体"保留下来，其所承载的集体记忆也随着社会环境的发展不断消亡。[7]

在"海丝文化传播"和"乡村振兴"的政策背景下，绿野山房迎来了新的历史契机，时代的发展对其现代化的使用提出了新的要求。绿野山房的空间形制与建筑风貌价值较高，但历经百年的风吹日晒，加之自建成以来就未经历全面的维修与保养，绿野山房建筑已出现不同程度的破损。为及时展现绿野山房的历史文化价值和满足人群对建筑的使用需求，绿野山房保护活化工作拉开序幕，逐步开展。

2020年，厦门大学团队应福林村委委托对绿野山房进行细致勘测。提出具体修缮方案，将建筑的主座与附属部分按照"修旧如旧"的方式修缮，但受疫情等因素的影响，绿野山房保护修缮工程项目未进一步开展实施。建筑及周围环境又随着时间的推移继续衰败，残损状态发生巨大变化，原方案的修缮措施已不能满足新的残损现状，需要开展补堪、定损等工作后重新提出合理的修缮措施。2022年，绿野山房项目入选"百企帮百村、乡贤促振兴"行动，团队成员借此契机继续开展绿野山房主座的原貌修复及附属建筑的活化利用工作，积极响应住建部对历史建筑活化利用的号召，紧密呼应乡贤保护侨乡文化、振兴家乡的良好愿望与初衷。

2.6.2　绿野山房保护修缮及活化策略

作为晋江市第二批历史建筑，绿野山房具有极大的保护价值，修缮活化工作应当在延续建筑真实历史信息和价值的基础上合理利用和保护建筑，其具体内容如下（图2-5）：

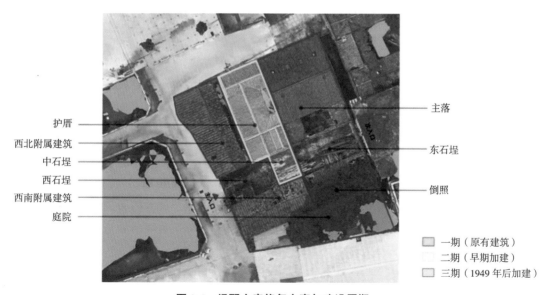

护厝
西北附属建筑
中石埕
西石埕
西南附属建筑
庭院

主落
东石埕
倒照

▨ 一期（原有建筑）
▢ 二期（早期加建）
▢ 三期（1949年后加建）

图2-5　绿野山房修复方案与建设周期

（1）绿野山房的主落和倒照存在较高的保存价值，保留基本空间形态，仅修缮设计。

（2）绿野山房西护厝于 2019 年基本完成了修缮，主体结构完成了加强，此次工作仅涉及空间使用方面的活化利用。

（3）对绿野山房加建的西北附属用房、西南附属用房和庭院进行活化设计，延续主落、倒照和护厝的传统建筑形制，加固替换破损结构，考虑现代使用需求。

在绿野山房修复项目中，一方面，团队对传统历史价值较高的部分修复设计，为后续申请文保单位做准备；另一方面，团队对历史价值较低的部分活化设计，延续传统风貌，加固替换结构，降低对历史价值较高部分的破坏，为历史建筑的活化提供一次实践探索。

1. 绿野山房保护修缮原则及内容

绿野山房保护修缮的工作内容是对绿野山房的主落和倒照结构进行加固与修缮，并提供合理利用的物质条件。在充分掌握依据、不改变文物原状的原则下，团队最大限度地保留具有历史文物价值的建筑和构件，清理附加结构，还原绿野山房的内部空间形制，并按原规模修复局部缺失和后期改建的建筑部位。团队坚持保障修缮过程的可逆性和修缮后的可再处理性，新换构件选择使用与原构件相同、相近或兼容的材料，并采用原有工艺技法，以保留更多的历史信息，为后人的研究和识别留有更多空间。地方建筑的风格与传统工艺手法对研究各地区建筑史和传统建筑工艺具有极高的价值，因此团队在修缮过程中细心识别建筑信息，尊重传统。保持地方建筑风格的多样性、传统工艺手法的地域性和营造手法的独特性（图 2-6）。

2. 绿野山房保护活化实践

绿野山房建筑保护与更新策略

传统村落乡土建筑的存在状态是现在进行时，需要不断地修缮、更新和新建，以保持建筑的生存活力。建筑本体的历史与文化也是活态而立体的，因此面临古建发展与改善的需求问题，我们不应仅把它当作古建的"文保单位"，而是结合现状的发展对建筑的各部分有序地开展保护工作。本团队在延续建筑文脉的基础上，根据绿野山房的历史演变过程提出设计策略，保留建筑传统价值特征最突出部分的基础形态，改善后续加建部分的建筑环境，整体上从功能更新、空间重构、风貌延续和景观重塑四个方面进行再设计（图 2-7）。

（1）使用人群的确定

绿野山房最开始服务的群体为福林村有教育需求的孩童。随着社会的发展，绿野山房不再作为文教场所服务社区，建筑功能的多次变化使其面向的服务群体类型多样且杂乱。经团队与业主和政府方讨论，确定绿野山房在现代化转型中的使用人群分为三类：一为当地主要居民；二为侨务和政府人员；三为外来旅游人员，因此，在后期设计中要综合考虑三类人的使用需求和建筑本体价值，最终达到建筑各空间发展的协

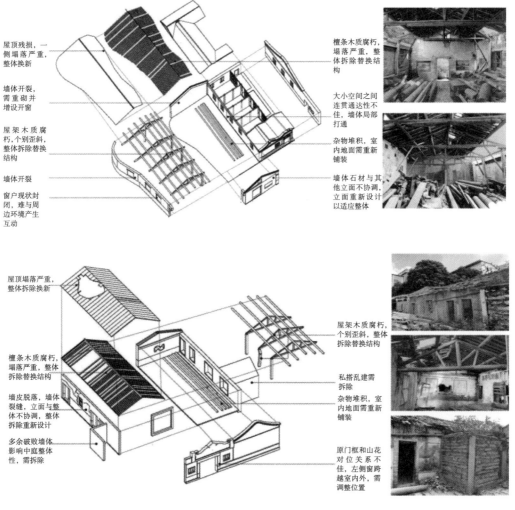

图 2-6　绿野山房建筑修缮原则

调共生。

（2）功能更新

绿野山房总建筑面积约 500 平方米，内部功能设置根据建筑历史及现状、社区需求和未来发展定位等综合考虑。绿野山房的主落和倒照建筑保留较完整的传统建筑特征，设置文化展示以及体验功能的文化设施，在展示建筑悠久历史的同时，使游客感受传统形制空间，该部分可由公益团体或者政府进行运营；绿野山房从私塾转向小学过渡时期的新建附属空间仍保留服务性属性，更新设计为小型研讨室、茶水间、卫生间等辅助空间；"大跃进"时期所建厂房、民兵营等大跨度空间为场地改造提供了"天然"条件，结合空间特征和功能属性更新为会议室、多功能厅等开放性强的空间，该部分可由外包与专业团队进行盈利运行。

此次功能更新利用内部空间系统延续传统文脉，营造文化商业体，兼顾文教历史文化的展陈和商业设施的布设，不仅为公众和游客提供了文化体验、休闲游憩的场所和服务设施，而且利用商业运营的部分收益达成文化传承载体的持续保护（图 2-8）。

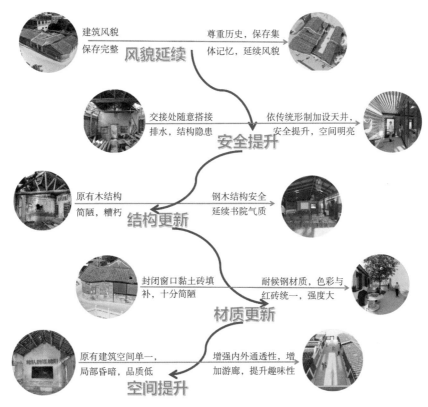

图 2-7 共同演变视角下绿野山房保护活化策略实践步骤

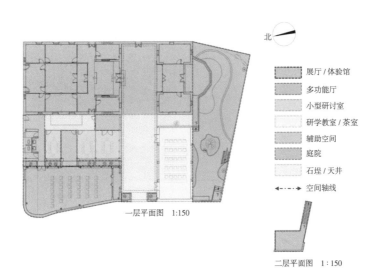

图 2-8 绿野山房功能更新划分图

（3）空间重构

在空间向度层面，团队保留建筑主落传统三开间榉头止的空间形式，在水平向度上延续南北向的中轴关系，将研学教室功能部分与其他建筑脱开并置入天井，延续闽南传统加建建筑的惯用形式。建筑间相连部分引入室外空间，这种方式可丰富局部环境，更有利于两两建筑间更安全持久地共生。

建筑空间重构后仍保留原有空间的层次，在此基础上团队设立了多功能厅空间、研讨教室空间和辅助空间等。其中多功能厅空间布局较灵活，因乡村公共建筑空间的使用存在短时聚集性和使用方式多样性，在有限的空间内如何激发更高的空间使用率是提升乡村建筑遗产价值需要思考的课题，建筑空间根据活动开展时段的不同进行适应性的变化以及可变家具模块带来活动空间的转变是提高空间复合程度的有效办法。作为空间背景的墙体、顶棚、设备、门窗等大都采用原始材料或当地传统材料，内部陈列遗存的砖、瓦和雕刻纹饰等构件，用以保存历史记忆并隐喻空间的历史文化内涵（图2-9）。

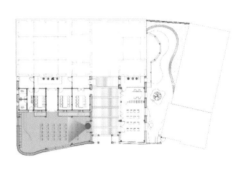

图2-9　多功能厅空间转变前后效果

（4）风貌延续

绿野山房的保护与再利用工作是在保证整体风貌协调的基础上进行的时代创新，绿野山房的传统风貌在建筑主落最为突出，历史、艺术和文化价值等保留最为完整，因此团队将一期建设部分定为核心修复区，运用传统工艺对建筑的结构、立面和装饰细部等原样修缮。在二期和三期建设部分，团队把控建筑材质、屋顶形式和立面尺度，在传承传统形式的基础上彰显地域文化特色。团队替换和更新了西北附属建筑的结构和材质，在色彩和开窗上延续原有历史风貌的特点。在立面处理上，团队增加了立面的开敞性、透气性和庭院景观的渗透性，如石埕南侧立面的屋顶部分断开，对瓦屋面分隔，避免屋面过于冗长单调（图 2-10）。立面材质设计延续了传统材料石材和红砖的使用，同时采用耐候钢等新材料设计，达到"新旧传承，和而不同"的效果。如建筑原有的红砖墙面和门框均使用原形式做法修缮砌筑，配合新材料的使用增加建筑立面的丰富度（图 2-11）。

图 2-10　石埕南侧立面

图 2-11　立面材质的延续与更新

（5）景观重塑

原有建筑始建之时在主落建筑的南侧建造水院，水院中建造一处六角形水上平台与主体建筑相连。水院因作游船渡水和景观观赏之用而被记录在册，对场地而言具有较大的历史价值。虽经数十载历史变迁水池早已不复存在，但残留平台和底部淤泥依稀可见昔日风采。因此团队采用整体延续历史和局部创新设计的手法（图 2-12），在场地东南侧恢复原有场地记忆，重塑庭院水池幽静景象。西南侧整治环境后置入休闲步道和桌椅等满足周边居民以及游客日常需要的休闲场所，使得庭院整体景观既延续原有记忆，又达到合理利用的效果。

图 2-12 景观还原效果对比图

2.6.3 建设影响因素分析

绿野山房是华侨参与捐建文化历史教育乡村公共建筑的成功案例。为了充分发挥绿野山房的价值，政府以及福林村村两委积极引入华侨资金，通过乡侨捐助的方式开展绿野山房的活化提升工作，同时借助厦门大学建筑与土木工程学院设计团队的力量，对绿野山房开展修缮、保护和活化一体化的改造提升项目，赋予建筑新的功能和意义。在活化过程中有以下两个特点可供借鉴：

1. 多元主体的参与

绿野山房因特殊的历史环境，经历过多次产权、功能的变迁和加建，最终于2007年由华侨无偿捐献，产权归属国家以及村集体所有。2019年绿野山房列入第二批历史建筑，故而对其的改造更新不能脱离政府及村两委的主导。在多方参与改造绿野山房的过程中，政府以及村两委扮演主导者角色，并起到多方沟通桥梁的作用，用以协调各方和促进项目开展。华侨也是绿野山房活化的参与主体，他们不仅提供项目资金支持，而且利用自身的海外生活经验和学识对项目提供建议，以资方和福林村一份子的身份督促绿野山房项目的开展。目前，凭借华侨的捐款支持，绿野山房的修缮项目已经启动。专业的保护修缮和设计团队的参与同样是绿野山房保护活化项目得以有序开展的重要倚仗。厦门大学建筑与土木工程学院设计团队突破传统"修旧如旧"的文物和遗产保护方式，引入共同演进的视角，有效地促进了绿野山房的科学保护和活化。

2. 科学有效地策略——共同演进视角

绿野山房的保护与再利用案例带来的实践探索体现于：在深度理解历史建筑保护理论的基础上，通过对分析具体项目的历史演进过程，提出更科学、更长久、更可持续的设计对策。相比于对历史建筑毫无逻辑的改头换面或因固守于"原真性"而只保护、不利用的方式，基于共同演进策略的保护设计方法更适合建筑遗产保护与再利用工程，有利于降低遗产信息遭受破坏的风险，唤醒建筑遗产的共同集体记忆。

2.7　农业大生产时期建筑遗产保护——福林渡槽保护与景观重构

在传统村落保护和建筑遗产活化的大潮流下，现有乡村旅游建设缺乏合适的规划，历史建筑的活化易忽略遗产与文脉和集体记忆的关系，漠视新时代功能在空间使用的需求。例如 20 世纪六七十年代中国的农业遗产——渡槽见证了农业的衰败与工业的兴起，具有极高的历史价值。由于各界对农业遗产的漠视和社会的快速发展，大部分渡槽已被拆除。本书以保存较好的中国泉州晋江福林渡槽为例，通过案例、口述历史、田野调查和农业遗产活化设计等方法探讨农业建筑遗产保护和活化的可能性。

对福林村渡槽的保护与活化属于复杂的综合命题，需要各界力量的参与。不同于泉州地区其他地段的渡槽在城市化进程中被损毁的结局，福林村渡槽借助福林村村两委以及社会各界有识之士的力量得以保存，渡槽的全貌因局部的加固修复和加建建筑的拆除得以完整呈现。各方学者从遗产保护和景观重构的角度对福林渡槽的保护提供建议，并在此基础上协助政府部门开展保护和活化工作。厦门大学建筑学院采用微介入的方法提升福林渡槽的景观，并结合村落重点建筑节点改造来丰富古村落的景观资源。建设完成后，通过媒体宣传使福林村渡槽的影响力不断增大，吸引更多的游学团队前往，为福林村渡槽保护、活化和更新提供更多的民间智慧。团队辅助打造以渡槽为内容之一的福林村"五古"名片，通过品牌效应吸引游客，为福林村带来潜在的客源和发展机遇。

2.7.1　福林渡槽概况

1. 福林渡槽历时沿革

20 世纪 60 年代，中国大力发展工农业，以期改变国家经济落后的现状。在"农业学大寨"的背景下，全国掀起了农田水利建设和农业机械化的高潮，渡槽作为一种水利设施应势兴建。在特殊的时代，渡槽见证了近代中国农业、水利发展的起承转合，对中国文化史、建筑史等产生了极其重要的影响。

20 世纪五六十年代，为了解决泉州南部区域时常干旱的灾害问题，泉州市新华电灌工程动工，由金鸡渠引水灌溉农业，用钢筋混凝土建成"U"形薄壳福林渡槽。

福林渡槽位于晋江市龙湖镇福林村，于 1973 年建成，全长 890 米，拱高 13 米。因福林村地形南北向为凹字形的地势，福林渡槽南北两端与地面沟渠相连。1990 年，福林渡槽中段被洪水冲垮后，当地工匠使用钢筋混凝土材料进行修补，此时政府对渡槽尚有维修意向，但改革开放以来，晋江结合本地发展现状整合各种资源，开拓出一条具有晋江特色的工业化道路，农业不再是晋江人民的经济命脉，至此渡槽渐渐退出历史舞台。据村民口述得知，渡槽由村里的生产队分工建设而成，虽然渡槽早已在20世纪90年代停止使用，但如今当地村民仍然记得建造渡槽的艰辛岁月，渡槽依然屹立在福林村的田野上，代表着一个时代（图2-13、图2-14）。

图2-13　大仑渡槽爆破瞬间

图2-14　福林渡槽

2. 福林渡槽价值

（1）历史价值

福林渡槽是泉州市晋江与石狮接壤区域的农业建筑，为缓解泉州部分农村因大旱和农业灌溉用水稀缺的问题而建。此后福林渡槽历经"文化大革命"时期和改革开放时期，使用频率逐渐降低，延续使用至20世纪90年代后荒废闲置，从侧面反映了晋江二三十年来的历史变化。

在经济建设方面，福林渡槽是20世纪七八十年代晋江产业发展及其转型的有力见证。1978年党的十一届三中全会后，晋江开始了晋江模式的探索，经济产业由农业逐渐转为轻工业，而这段时间也是渡槽的主要生命期，它见证了晋江的农业兴衰和工业的蓬勃发展两个时代。

在建设发展方面，福林渡槽体现了20世纪七八十年代闽南地区高超的建筑技术。渡槽所使用的材料大部分为七八十年代闽南地区最常用的材料条石，具有厚重的年代感。而以当年的建造技术，建设跨度11米、槽身最高13米的巨大工程十分困难，政府专业技术人员和当地村民利用土洋结合的方式建设渡槽的过程也是一段伟大的建造历史。1990年泉州多次遭遇台风灾害，阳溪水流过渡槽柱墩，导致渡槽断裂，而后泉州水利部门组织修缮，用水泥砂浆打基础，用钢筋混凝土建柱墩，重新撑起渡槽。不同时期的两种材质柱墩互相对话，代表了不同历史背景下建筑建设发展的历程。

福林渡槽以其实体形态地标性地呈现了农业对村落的重要性。如今大部分渡槽和沟渠因为沿途的村民建房或铺路而被填埋，另一段大仑渡槽也被爆破拆除，仅余福林渡槽还能使后人延续对农业历史的记忆，理解过去与当代生活之间的联系。屹立于农田之上的福林渡槽述说着当年的经历，也印证着村民的集体记忆和晋江的身份，具备历史纪念价值。

（2）建筑价值

福林渡槽的建筑艺术是年代特有的产物。新中国成立后，有关部门提出了建筑建设的三原则方针——"适用、经济、在可能条件下注意美观"，这一方针主导了20世纪我国建筑的建设方向，因此渡槽的结构形式、建筑材料和建造工艺富有时代和地域特征。

在形式上，福林渡槽两端为大拱券夹带小拱券，中间段则为简单的结构支柱体系与功能性的渡槽槽身体系（图 2-15），渡槽的结构形式追求功能需求，符合时代的几何美学与逻辑建构性，这一功能结构方式一直延续至今天，仍为部分桥梁和高架桥所使用。

在结构上，渡槽两端的槽身距地面较近的区段以拱式结构承重，距地面高的中间段结构为梁式。条石砌筑而成的 10 多米高的柱墩承载着钢筋混凝土槽身，槽身断面形式为 U 形槽身，结构简单，造型美观，利于使用（图 2-16）。

图 2-15　渡槽示意图

（a）梁式结构

（b）拱式结构

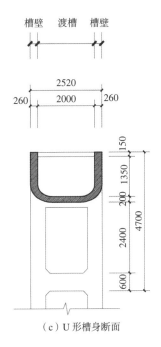

（c）U 形槽身断面

图 2-16　渡槽结构体系

在建造工艺上，渡槽柱墩用手工凿平的闽南条石砌筑，每段渡槽跨度 11 米，就当时的建筑技术水平而言难度极高，但渡槽至今结构稳固。相比于村落中的闽南传统建筑，渡槽没有复杂的建筑工艺和精美的石雕砖雕，但其功能结构主次分明，作为具象的历史印记横跨于农田之上，使农业文明留下了空间实体，具有标志性的留存和研究价值。

（3）景观价值

农业遗产的景观艺术价值体现在乡镇的肌理上，渡槽为配合沟渠的使用串联起大水库和小水库，扩散于农田之上。乡村建筑多以平房为主，整体尺度偏低矮，而福林渡槽长 890 米，高 13 米，超大的尺度感代表了先进的生产力和建造技术，成为乡镇城市的标志性构筑物。

福林渡槽以拱券为结构的段落已然成为福林村的入口标志，无论是渡槽的高度、跨度，还是柱墩的连续性，都非常具有震撼力。因此，福林渡槽可作为一大景观特色列入福林村的宣传名片。渡槽横跨农田景观之上，因其通透性并不影响农田景观的连续性，加之福林渡槽上视野开阔，近处农业景观和古村落景观资源丰富，可将渡槽作为福林村制高点改造成景观平台眺望远方，观感极佳。

作为景观资源，福林村村内的传统建筑与其他乡村的特点相近，竞争力较弱，但福林渡槽的视觉冲击性和造型独特性都是对福林村景观资源的有力补充，使福林村发展旅游更具独特性和竞争力。

（4）社会（文化）价值

在建设福林渡槽的年代，农村生产力落后，物资匮乏，人民群众连温饱问题都没有解决。因此，渡槽象征着艰苦奋斗、团结协作的时代精神，凝聚着许多村民的集体记忆和精神寄托。渡槽的成功建设体现了人们在农业工艺方面的自豪感。

由新华电灌站出资，生产队按照人口平均分配到户，最后由村民集体配合专业人员修建渡槽。柱墩由民间工匠手工凿平，一块块垒砌而成，村民们从中收获集体记忆，加强了村庄的凝聚力。近年来有计划拆除福林渡槽，但遭到当地村民的反对，这足以证明福林渡槽在一定程度上承载了村民的集体记忆，具有社会认同价值。

3. 福林村渡槽现状

福林渡槽已经荒废 20 多年，因多年未通水，堆积了许多污泥、垃圾，大部分区域长满青苔和野草等水生植物。渡槽本体结构保存尚好，大部分柱墩和柱身都没有断裂的痕迹，南北两端各有一个自地面通往上方渡槽的操作间，用以控制水量，目前处于荒废状态。渡槽下方柱墩间的空间现被村民自建房占用（图 2-17）。

渡槽作为农业时代向工业时代转型的见证者，受到政府、学术、社会层面的广泛关注，虽然部分渡槽因影响了城市建设而被拆除，但福林渡槽所处地段尚未开发，因此保存较好（图 2-18）。

图 2-17 福林寺与福林渡槽

图 2-18 渡槽现状

2.7.2 福林渡槽保护及景观重构

1. 福林渡槽保护及其活化策略

出于城市更新等原因，众多的文化建筑遗产被拆除，大仑渡槽和其他被破坏拆除的乡村遗产就是对历史文化保护不够重视的结果。联合国教科文组织于 1962 年发表的《关于保护景观和遗址风貌与特征的建议》便提出，城市历史文化保护的内容为"典型的自然乡村环境""城市景观"和"历史文化遗址"，若干国际公约组织宪章的发表也促使人们越来越重视对文化遗产的保护。

福林渡槽所提供的多方面价值如同一本"立体的书"，如果只是单纯地进行修复保护，维持原型，那么渡槽改造项目对村庄和旅游经济的发展就不可持续。《世界文化遗产公约实施守则草案》提出，保护历史建筑的最好方法是继续使用它们，或者只做一点适应性的改变。因此适当改造福林渡槽，转化原有功能（如加入参与性景观设计或教育展览性设计），满足新需求，才能使其有长久生命力。

2. 福林渡槽微景观改造实践

由于多年无人问津，檀林渡槽已变得沧桑破旧。为了增强村民的创建意识，重视檀林渡槽的历史魅力与时代价值，2020年福林村村两委委托厦门大学建筑与土木工程学院和嘉庚学院师生在深度挖掘福林村渡槽历史文脉及其现状的基础上改造福林村渡槽，提升周边景观。团队为了更好地设计与落实渡槽保护方案，在前期调研过程中与村民积极协商，定期召开村民大会，向村民解释渡槽保护方案设计的缘由，并将相应的设计方案展示给村民，征求修改意见与建议，经过团队的悉心设计与努力协调，方案最终获得村民的全票支持，渡槽微景观改造设计项目正式启动。改造设计方案包括渡槽操作间功能植入、渡槽下空间改造提升、渡槽本体结构加固及功能植入三个层面的内容（图2-19）。

图2-19 渡槽遗址改造更新——增加新功能

团队结合现代旅游经济对渡槽历史、景观和人文价值展示进行活化设计，选择渡槽北端的操作间，将其改造为渡槽文化展示厅，形成独具渡槽文化特色的展示空间，助力福林村传统建筑保护和村落文化推广（图2-20）。

福林渡槽位于村落入口处，毗邻县级文物保护单位福林寺，具有景观标志性。对于渡槽下空间的改造，团队考虑到了周边居民建筑与农田景观、历史古迹风貌的协调性问题，功能转向景观教育，增加体验活动、高线游览、休闲设施和垂直绿化等新功能。新功能的置入在增强体验的同时，也服务于当地村民，增加了新老村民交流和休闲的活动空间。

在结构维护方面，渡槽原有结构虽然稳固，但增加新平台、交通空间或其他附加构件后对原有结构体系的破坏不可估量，因此新增结构应避开原有柱墩基础，尽可能地加固原有结构体系，并且在视觉上保留原有渡槽景观的通透性，使其尺度和材质不过于抢眼，新结构的造型与原有结构相互呼应。由于渡槽不再具有通水功能，因此在考量结构合理性和不破坏渡槽形象或造型符号的前提下，可适当精简原有结构，满足新功能的需求（图 2-21）。

图 2-20　渡槽遗址改造更新效果图

图 2-21　渡槽下空间提升村落标志建成照片

2.7.3　结语

　　农业遗产是中国近代乡村农业实践的产物，蕴含着资源保护、人与自然和谐相处的朴素生态观和价值观。在乡村振兴的背景下，如何在改善物质环境的同时促使乡村可持续发展，是社会各界广泛关注的议题，以农业遗产保护为切入点展开设计，为乡村的发展打开了新思路。作为 20 世纪泉州地区水利设施的重要组成部分，福林村渡槽具有极高的保护价值，但随着时代变迁，其功能逐渐丧失，渡槽本体甚至遭到破坏。通过对渡槽进行低成本设计，合理转型利用承载着集体记忆的建筑遗产，进而带动乡村旅游发展，福林渡槽的活化利用是一个成功案例，也是村民参与沟通讨论方案，共同参与保护建筑的一个特殊案例。福林渡槽活化案例唤起了社会各界对农业遗产的关注。

2.8 高校—乡村陪伴共建模式下福林村景观提升实践

随着乡村振兴工作的开展，乡村景观建设成为国家重点关注与倡导的焦点。为了有效地改善乡村发展的困境，国家提出了关于活化乡村环境和更新改造提升的理念，如"新农村建设""美丽乡村"等，引入高校、社会等多种力量参与乡村景观改造提升工作，促进乡村居住环境的改善。

福林村是中国传统村落和历史文化名村，对其景观的保护更新意义重大。高校团队采用高校—乡村陪伴共建的模式，通过"微更新"手段提升村落景观，改善村落景观风貌较差、建筑破损严重、公共空间较为集中且公共空间不足等问题，与此同时，团队将具有闽南乡村特色以及福林村本土文化内涵的要素引入村庄景观更新中，旨在留存福林村的乡村记忆，形成有别于城市及其他区域的自然和人文景观要素，打造集民居旅游、传统村落研学和乡村文旅功能为一体的传统村落旅游村，以此促进乡村旅游业的发展，带动福林村的产业振兴。

福林村改造项目由高校各团队力量相互配合设计完成，参与方有厦门大学建筑与土木工程学院师生、嘉庚学院学生、厦门大学建筑设计研究院、厦门大学乡村营建社和厦门大学数字乡村营建团队等，各团队自 2016 年起深耕福林村发展至今，积极配合村落发展过程中出现的具体需求，通过暑期实践、基地建立等方式形成高校与村落持续发展、解决问题的合作局面，给村落和高校带来了不同层面的利益，是可持续、正收益的共建模式。

2.8.1 福林村村落景观早期发展情况及其问题

福林村早期村落环境的提升多注重卫生条件的改善和活动空间的营造，采用功能植入模式，如建设文化广场、老年人活动中心和增加游乐设施等，该模式往往忽略了村落居民的真实需求和村庄历史文脉，未能有效传承和更新村落价值，满足居民的真实需求，使相关策略流于形式，千村一面，甚至对村落具有历史价值的建筑和其他物质载体造成破坏。早期福林村在景观提升中因缺乏针对性策略，导致村落风貌、活动空间选址布局和历史文脉的保护存在一系列的问题：

1. 公共空间和设施不完善

早期村中公共空间较少，多集中于许氏新宗祠、村落旧戏台广场和福林寺等区域，活动场地设施不完备，景观质量较差，公共空间的利用率较低，如戏台空间仅在庙会期间使用，其他时间闲置率较高。

2. 侨建建筑受损严重

福林村众多旧建筑为华侨资产，华侨家族的迁移使部分建筑在国内并未有合法的管理者，虽然部分建筑委托村集体进行代管，但相关数量有限，村中较多的近代侨建建筑也因年久失修而倒塌，破损较为严重。此类建筑不仅存在一定的安全隐患，而且影响了村落的整体风貌。

3. 文化功能设施缺失

福林村早期功能植入式的发展模式并不能有效挖掘福林村历史价值，对内无法满足村民真正的活动需求，对外也不能形成具有福林村特色的文化名片。

对福林村景观的提升可以有效改善早期村落发展过程中的遗留问题，促进福林村经济的发展，提升村民生活条件。

2.8.2　高校—乡村陪伴共建模式及其实践

高校—乡村陪伴共建模式是指乡村与高校共建基地，将高校人才引入乡村振兴工作实践的模式，是在多样化的背景条件和不同利益诉求下挖掘、适应、协助乡村实现的多元路径探索。乡村获取了收益，高校也通过陪伴式服务培养了人才，二者双向奔赴。厦门大学各团队深入福林村，挖掘福林村历史和文化脉络，在全面调研的基础上分析福林村现存问题，并提出针对性的改良方案。高校—乡村陪伴共建模式具有长时间、延续性和深入性的特点，以陪伴式服务的形式深入乡村，分析矛盾及需求，在为乡村发展提供针对性改良方案的同时，锻炼了学生的学习思维能力。具体实践过程以政府行政为主导，以高校提供技术支持的创新形式展开。

1. 以行政为主导

传统村落的保护和更新具有较高的政策指引性，在这一过程中多以政府为主导、村两委为实施单位统筹乡村工作。在政策和规划层面，2019 年 6 月住房和城乡建设部将福林村列入第七批传统村落名单，福林村的保护及景观提升工作获得了政策和资金的支持。其后晋江市人民政府通过《福建省晋江市龙湖镇福林传统村落保护发展规划》，对福林村建设活动提供指导。

在具体实施层面，村两委委托厦门大学建筑设计研究院成立福林课题组，通过福林村古街巷微改造项目对福林村现状深度调研并确定村落发展的目标定位，在此基础上针对产业发展、文化提升等提出相应的设计方案并实施落地。与此同时，福林村村两委以"龙湖镇乡村微改造更新"竞赛活动为契机，通过竞赛的模式吸引高校学子参与福林村的微景观改造更新活动，群策群力挖掘福林村文化资源，创新改造形式，在村落形成高质量、示范性的景观节点，以点带面促进福林村整体景观的改造提升。村两委借助微景观改造竞赛的影响力，由媒体力量将福林村作为龙湖镇甚至晋江市乡村的名片加以推广，增强了福林村的社会影响力和知名度。

2. 以技术为支撑

（1）承接上位规划，确定发展定位

在符合上位规划的框架下，团队结合村落现状的研判，确定发展定位和改造更新策略。在开发中将乡村景观的规划提升到区域的角度，根据旅游、产业和文化等不同的区域战略走向，结合重点发展区域的结构确定具有改造更新价值的街巷、建筑和空间节点。此外，在景观提升设计上，团队从宏观的角度连接道路沿线绿带、废弃地块、水利设施、广场、寺庙和祠堂等破碎化的景观斑块，再依托内部的历史节点形成宏观的连续空间体系。

（2）注重深度调研，挖掘乡村文脉

项目以"高校—乡村共建基地"的模式将福林村作为实践基地引入厦门大学师生驻村调研，团队通过问卷调查等形式征集村民意愿，充分分析村民需求，使其成为景观节点设计的重要考量。后期团队将福林村文脉转译成具有地方特色的文化符号，并将转译成果应用于微景观改造，进而形成具有福林村特色的微景观及活动空间。

（3）引入低影响开发，延续村落景观乡土特色

福林村景观更新采用"微改造更新"的模式，在低影响的原则下，通过材料选择、空间塑造和施工工艺等层面的把握降低对村落人文景观、风格特征的影响。在建设过程中，团队注重整体风貌的把控，合理选择不同的空间节点，在保持村庄内部空间原有景观肌理完整性的基础上，根据不同状况保存现有的、维修破坏的、复原遗失的景观，重现当地特有的历史人文记忆。

（4）融入人文记忆，保护景观乡土特色

福林村景观的文化路径建立在统一规划的架构之上，根据景观的不同文脉特征进行设计，体现景观的地域性特色，突出场地内的空间记忆和乡土特色，并通过具体设计实现景观最终的观赏价值。

2.8.3 相关成果

在充分调研福林村现状的基础上，团队的设计成果从重要景观的活化改造、街巷及主要步行道的形象提升、重要公共空间节点的改造提升和古厝建筑的活化四个层面展开，范围涉及渡槽、端园、斗室山庄和福林寺等建筑片区，包括建筑活化、景观整治、古厝文化和艺术植入等内容（图 2-22）。

1. 重要景观活化改造

景观活化围绕福林村"五古：古村、古厝、古寺、古校、古街"的名片主旨进行重点提升，以渡槽和福林寺周边的环境整治为主。渡槽的景观改造包含渡槽下空间景观提升和功能植入两方面内容。福林寺片区的改造包括弘一法师文化园的建设和福林寺滨水广场空间禅文化园的打造。

弘一法师文化广场和福林寺滨水广场均位于福林南面，二者通过雕塑广场形成连

片的活动空间。团队还将福林寺、渡槽以及孝端桥统一规划设计，形成以农业文明和宗教文化为主题的景观片区。在广场设计层面团队并未使用大型的雕塑及其他构筑物，而是注重微改造策略的使用，仅涉及区域的环境整治和功能植入，为居民和游客创造景观优越且有趣的活动空间（图 2-23）。

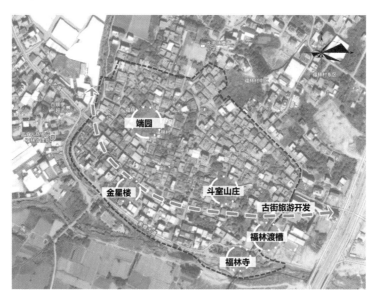

图 2-22　福林村设计相关成果分布点总和

图 2-23　福林寺禅文化园鸟瞰及其效果图

2. 街巷及主要步行道形象提升

福林古街巷及主要步行道的形象提升工作由厦门大学建筑设计研究院参与设计，依托福林村现有的参观游线梳理游线内容。在此基础上，团队根据实际场地和功能需要对相关节点进行改造和设计，确保古街巷改造能激活现有空间节点，为旅游的开发提供基础保障。街巷及主要步行道的形象提升范围为福林村入口空间、各街区节点和建筑立面。

福林村主要入口空间位于渡槽处，因渡槽的遮挡并未形成较有标识性的村标和村口空间，团队通过在渡槽上增加轻量型的标识和改造更新标语，增强村口的标识性，同时在渡槽下方增设村标，以便更清晰地辨认福林村入口空间（图2-24）。

图 2-24　福林村入口空间设计效果图

团队贯彻"微改造更新"的宗旨，配合古街巷的打造，选取部分节点空间开展修建改造工作，以改变铺装材质、增加相应标识、合理种植植物、植入新功能和功能置换等方式，渐进式地提高节点空间的使用率，美化街道立面形象，使其更加符合村庄整体风格和历史文脉（图2-25）。

图 2-25　福林村节点空间改造设计

3. 重要公共空间节点的改造提升

为了配合福林村两条古村落参观线路的打造，本部分由厦门大学乡建社承接福林村委托开展相关工作。团队通过业态梳理选取村内华侨建筑春晖楼和养兰山馆周边广场展开设计，旨在将两个广场分别打造为"福林厅堂"和"福林文化园"。建成后"福林厅堂"将与书投楼和通安街南北向连接为参观路线景点；"福林文化园"将与渡槽和福林村东西向连接为参观路线景点。

（1）福林厅堂设计

① 曲线形的道路设计

为了充分尊重福林村居民的生活习惯，团队在设计时保留了处于场地中央的人车混行的道路。将原来的直线道路曲线化，通过路径调整与绿化组合，将广场两端错位入口顺畅衔接，使得道路自然融入场地。

此外，为了解决原有场地内地面材质混乱的问题，方案对场地内的地面材质进行了一系列的整合。中央人车混合道路采用石块铺装，周边地面采用红色砖石铺装，作为村民的活动休闲区域，其他部分则以草坪和白色石条相结合的方式铺设（图 2-26）。

图 2-26 福林厅堂设计效果图

② 结合"厅堂"性质的景观设计

为了给游客和当地居民带来"厅堂"的感受，方案在场地中结合花池布置了木质休闲座椅，结合石条形铺地布置了长条形座椅，结合村民活动空间布置了可供休息的石头形座椅（图 2-27）。

图 2-27 景观座椅设计

除设计休闲座椅外，团队围绕春晖楼内部保留的珍贵墨迹如"恭为德首""慎为行基"等文字展开设计，结合花池和道路的布置将文字以景观的方式呈现，教导后人不忘前辈的德行教诲（图 2-28）。

图 2-28　文字景观设计

（2）福林文化园设计

福林文化园位于福林村养兰山馆原址大厝旧址南侧空地，此改造项目旨在为周围居民建造休闲活动场所。设计后的广场上包括历史长廊和钟楼两座构筑物，以红砖为基本材料，延续福林村建筑的基本风格，用以休憩和文化宣传。广场设计时辅以合理的分区，设计有健身设施和儿童活动区，可供不同年龄段的居民使用（图 2-29）。

图 2-29　福林文化园

4. 活化古厝、植入文化与艺术

团队充分利用福林村的建筑和历史文化资源，在继承大厝原本华侨文化和尊重建筑基本格局的基础上，依据古厝活化的空间和布局，通过适当的功能植入实现对现有大厝的活化。团队将前期统一规划与场地设计相融合，选择斗室山庄、金星楼及其前端广场等地对单体古厝进行活化，激活福林村村庄业态。

（1）斗室山庄

团队选取斗室山庄作为乡村振兴沙龙和展示馆，在修复建筑的基础上，通过合理改造提高建筑内部的声、光、热等，并使用博物架、展板等软性分隔将建筑分成不同的展区，用以展示福林村近年来乡村振兴的成果，形成示范效应，进而带动福林村其他区域甚至晋江其他村落乡村振兴工作的开展（图 2-30）。

图 2-30　斗室山庄室内效果图

（2）公益图书馆

团队整合福林村空地资源，在村庄核心区建设乡村图书馆，为农村留守儿童、妇女和老人提供安静的读书空间和获取知识的途径。通过营造求知、求乐、求进步的良好氛围为其开启通往世界的窗户。将公益图书馆设置于建好的微景观"万家灯火"活动空间一侧，可有效实现对资源的整合，吸引更多人前往，进而提高微景观和图书馆的使用率。在图书馆设计层面，团队注重开放空间的设计，使在图书馆学习的人与在微景观活动区域活动的人有效互动，突出"自由阅览"的设计理念（图 2-31）。

图 2-31　公益图书馆效果图

（3）金星楼茶馆及南音广场设计

福林村金星楼具有较为明显的闽南侨建番仔楼建筑风格，建筑风貌保存良好。团队对此建筑进行修缮并活化，将其设计为茶楼，作为游客饮茶、休憩的空间，成为体验闽南茶文化的重要场所；同时对金星楼前广场进行适应性改造，以"南音"为切入点，建设南音广场，为游客提供体验泉州戏曲文化的空间。在设计广场时，团队大量采用闽南传统建筑元素，如按照梅花纹叠砌的矮墙、福文化的石灯等，与金星楼一起构成福林村体验闽南文化以及乡俗的重要场所（图2-32）。

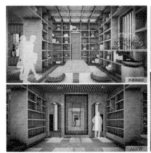

图2-32　金星楼茶馆及南音广场效果图

参考文献

[1]　任健强 . 华侨作用下的江门侨乡建设研究 [D]. 广州：华南理工大学，2011.

[2]　张赛群.华侨华人和港澳同胞助力乡村振兴——以闽浙重点侨乡为研究中心 [J].华侨大学学报(哲学社会科学版)，2022，6：32-40.

[3]　李志华 . 华侨华人与侨乡社会经济变迁研究——以青田县为例 [J]. 中国经济史研究，2020，5：193.

[4]　张锋 . 东南亚华人宗亲文化与宗祠建筑特色研究 [J]. 广西社会科学，2017，5：41-46.

[5]　邓洪波 . 中国书院的类型与等级 [J]. 华夏文化，2000，4：47-48.

[6]　刘永辉，李晓峰，吴奕苇 . 空间遗产视角下闽南家族书院遗产价值探讨——以泉州永春碧溪堂为例 [J]. 建筑师，2020，4：116-122.

[7]　詹长浩 . 基于闽南地域特征的社区书院场所空间建构研究 [D]. 厦门：厦门大学，2018.

第3章　数字信息技术在乡村振兴中的应用

传统村落是中华民族优秀文化和农业文明的重要载体，但在城市扩张和城镇化建设浪潮的冲击下，大量传统乡村濒临衰败瓦解，因此对中国传统村落和乡村的保护迫在眉睫。近年来在乡村振兴与全面复兴传统文化的重大国策推动下，社会各界积极参与乡村实践，取得了一定的成果，同时也出现了有待解决的新问题和新困境。在乡村振兴过程中如何留住村落的历史文化特征以及风貌特色，成为传统村落乡村振兴工作的重点和难点之所在。

在信息技术快速发展的背景下，数字信息技术手段的引入为乡村振兴工作提供了新的方向，特别是数字博物馆等数字平台的搭建为乡村遗产数字化保护与传承展示提供了新途径。2019年5月，中共中央办公厅、国务院办公厅印发的《数字乡村发展战略纲要》，明确提出"建立历史文化名镇名村和传统村落数字文物资源库、数字博物馆，加强农村优秀传统文化的保护与传承"的总体战略要求。数字博物馆作为信息时代的创新整合应用技术，兼具文化信息传承、挖掘分析信息和传播交流互动的重要使命，存在为乡村营建遇到的众多设计困境进行优势补充的可能性，已然成为推动我国乡村保护传承以及振兴工作的重要手段，并逐渐演变为国家层面重要的战略举措。

本章以近年来福林村历史文化村落数字博物馆构建实践为主要研究案例，通过对福林村侨乡数字博物馆构建、福林村通安古街数字博物馆构建以及闽南传统大厝书投楼营建工艺虚拟仿真数字化计算与智能呈现三个案例的深度剖析，从村域范围、建筑群体和建筑单体三个层级还原"数字技术"在乡村振兴工作中保护遗产价值、传承营建工艺和保留族群记忆的作用，进而为其他传统村落的乡村振兴工作的开展提供参考。

3.1　数字信息技术在乡村振兴中的具体应用

3.1.1　数字博物馆概念

数字博物馆（Digital Museum），顾名思义是将博物馆和数字技术结合起来，利用数字信息技术实现博物馆"文化遗产"的保存、展览、教育和研究等功能，提高博物馆的传播性和互动性。随着科技的进步，数字博物馆在概念上已经突破了传统意义上具有空间展馆的实体博物馆，指的是具有特定主题或展示意义的信息集群，不仅包括传统实体博物馆的馆藏物品，而且包括虚拟的图文、影像和三维模型等数字形式存储的数据信息。在网络技术的传播下，数字博物馆突破了原博物馆的时间和空间限制，实现任何人（anyone）在任何地方（anywhere）、任意时间（anytime）获取博物馆"馆藏"的任意数字信息，在参观和参与方式上提供了极大的自由性和共享性。[1]另一方面，数字博物馆具有较为丰富的多媒体展示形式，拓展了文化信息的教育和研究，促进了遗产和文化等信息的综合利用和管理，为历史文化遗产的信息保护和利用提供了全新的途径和方法。总的来说，数字博物馆的创新发展为文化和遗产的保护、交流、利用创造了多种新的可能性。

3.1.2　数字博物馆发展及应用现状

国内的数字博物馆从系统构架到技术应用都取得了较好的发展，内容方面以实体博物馆的数字化居多，在虚拟的主题博物馆方面建设较少。但随着"数字故宫""数字敦煌""中国传统村落数字博物馆"等新模式的主题建设和探索，我国更多的优秀传统文化和灿烂文明将向全世界宣传推广。

在技术应用方面，随着物联网、大数据、云计算、人工智能技术的创新进步，数字博物馆也将朝着更便利的感知、获取和传递信息方面发展，实现更为全面的互通互联，将利用智能化的技术更深入地洞察和分析数据。[2]它不仅为社会公众和博物馆工作者提供展陈、教育方面的交互，更拓展至为决策者和专业者提供研究、管理、保护和决策方面的依据，成为更智慧、更全面的博物馆，发挥数字藏品的各方面价值。

数字博物馆作为新时代信息技术的一项创新成果，利用了多项信息技术，集合了多元数据信息的突出优势，可作为物质遗产信息的载体和媒介，是留存信息和文化传播的重要手段。目前许多设计机构也在尝试使用数字博物馆的多项技术，探索有效地服务乡村营建的可能性，例如，数字化和扫描的信息采集技术为传统村落的信息收集记录提供便利，信息存储和检索技术为营建的设计工作提供基础，信息加工技术存在剖析乡村地域特色的可能性，等等。可视化多媒体技术为传统村落的文化展示和传播提供渠道，互联网共享交互技术则存在拓展营建参与方式的潜力，因此信息技术的快速进步和更新正改变着人们的价值观念和思维方式，同时也为乡村营建提供了创新思路与方法。

3.1.3　数字博物馆在乡村工作中的应用现状

伴随着数字技术的飞速发展，国内学者在传统村落与乡村遗产保护发展的实践和研究中，从村庄整体聚落层级到建筑保护改造细节的方方面面都取得了不少成果。

在整体应用上，中国传统村落数字博物馆是针对传统村落保护和发展的一项重要工程，它通过数字博物馆技术系统性地对传统村落进行信息数字化，利用全景影像、倾斜摄影等现代信息技术快速高效地采集村落的原始数据，翔实、全面、系统地记录传统村落的整体空间环境和人文历史资料，以数据库技术、多媒体技术和网络技术为支撑，展示传统村落丰富的文化遗产和历史底蕴，向公众推广中国传统村落（图 3-2）。[3][4]

中国传统村落数字博物馆的内容拓展到不可移动的文化遗产区域——村落，可分为"有形"和"无形"两部分，其中"无形"的文化信息包含村落概况、选址智慧、历史脉络、民俗文化、村志族谱和产业经济六大主题内容，而"有形"的物质空间信息则以 360° 全景、三维实景模型等创新形式立体地记录和展示村落自然生态、地形地貌、聚落形态、传统建筑和构件雕刻等（图 3-1）。目前中国传统村落数字博物馆数据库已收录两批 376 个村落[5]，数据库逐渐完善拓展，朝着全面性、多元性和可研究、可传播的方向发展。值得注意的是，数字博物馆的建设使得乡村营建突破了专业界限，为政府部门、乡建相关行业调用村落的大数据实现村落数字化保护的综合管理和研究提供技术支持。同时，数字博物馆作为交互式、实时式的网络平台，为社会公众提供相应的文化展示及推广，促进了公众交流参与，提升了村落保护和发展的多元性。

数字博物馆技术的创新应用为乡村营建的有效推进和乡村的可持续发展提供了重要的技术支撑，是传统村落文化传播和交流的桥梁。

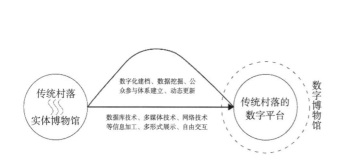

图 3-1　传统村落数字博物馆概念图

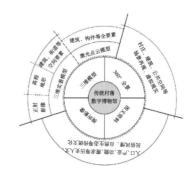

图 3-2　传统村落数字博物馆内容

3.2　福林侨乡数字博物馆建设

3.2.1　项目背景

福林村是晋江著名侨乡，拥有较高的历史、文化及保护价值。对福林村的保护不应局限于侨乡物质空间的改善，而更应注重华侨和闽南文化基因的挖掘及传承，在此基础上政府和福林村村两委借助厦门大学数字乡建团队的力量，从宏观聚落、中观建筑组团到微观建筑层面对福林村的物质以及非物质要素信息进行整理，在对福林村的生态环境、地域文化和建筑形态风格等要素完全剖析和认知的基础上，团队结合福林村历史和人文要素搭建福林村数字文化平台，通过三维实景模型结合 VR 全景展示的方式全面展示福林村的基本概况，并在此基础上借助数字博物馆平台优势促进福林村的文化传播和多方交流互动。

3.2.2　技术路径

1. 调研研究与多维度信息分析处理

乡村数字博物馆平台的搭建是对村庄物质文化遗产、自然环境等物质以及非物质信息的广泛挖掘，在此基础上通过多维度和多模式的分析对调研成果进行整理并建库，为后期数字博物馆的建设奠定基础。

（1）空间信息获取

传统村落营建前较为重要的工作是获取村落的测绘图，而村落一般都未能开展测绘勘察工作，基础资料较为匮乏，需要组织测绘人员对村落基础地形和民居等要素进行人工测绘，然而多数传统村落处于相对偏僻的山区，地形复杂、交通不发达、住宿条件较差[6]，这些都给村落测绘和调研带来了较大的难度，并且传统的人工测绘普遍存在效率低、耗时长等问题，输出成果也为二维平面图，不能直观反映村落的整体形态和特征。利用无人机快速建立村落三维实景模型，可对村庄既有基础资料数字化补充调研，整合搭建村落数字博物馆，实现对村落物质要素的全面记录，而且经多位学者鉴定，无人机测绘可满足 1：500 地形图精度。[7]生成的实景模型包含村落的山体、水体、植被和建筑等要素（图 3-3、图 3-4），弥补了传统测绘方式缺少对中微观层次的空间尺度和细节的反映。因此，通过快速扫描采集与资源数字化整合，不仅节省了大量人力和时间成本，而且更直观地呈现了村落的三维整体形态和村落人文历史信息。

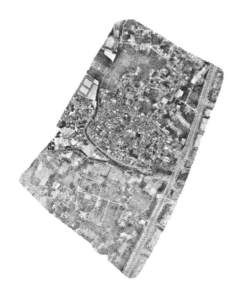
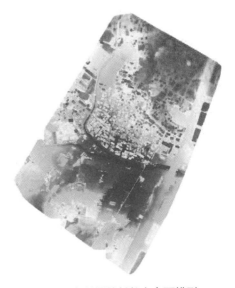

图 3-3　泉州福林村数字正射影像图　　　图 3-4　泉州福林村数字表面模型

（2）信息分类与建档

①物质要素

传统村落拥有富饶的文化和自然资源，2014年国务院发布的《开展传统村落调查的通知》指出，要摸清传统村落的文化遗产，调查村落的物质类传统建筑、非物质文化遗产和生态自然环境等，因此在开展传统村落的保护工作之前，对村落中三要素的调查是基础。但是传统的"撒网"式入户调查不仅耗时长，而且容易因工作模式的差异造成调查表的信息不全和不一致，降低了村落调查的准确性。目前，工作量最大的是物质类传统民居的调查，而传统村落数字博物馆的要素建档可以较大幅度地提高调查工作的效率和准确性，基于村落建筑要素的智能分类识别和提取（图3-5），对传统建筑进行快速编号（图3-6），并对其占地面积、长宽比和高度、位置等数值统计制表（图3-7），通过筛查和数据统计再进行实地调查和其他非物质文化信息的普查，不仅提高了调查数据的精度和可靠性，而且极大地减少了调研阶段统计的工作量，对规划设计和后期管理运营提供了可靠的信息库档案。

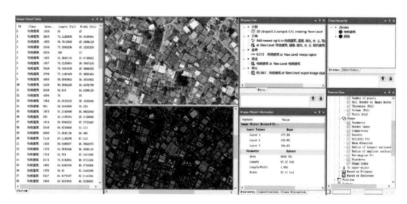

图3-5　福林村传统建筑要素智能提取

图3-6　福林村传统建筑信息库　　　　图3-7　建筑调查表

由于传统村落的乡村营建是一个缓慢的进程，其民居或环境的更新通常不能一步到位，更多的是在进程中随人员或功能需求的变化而"适时性地更新"。[8] 由于传统村落数字博物馆平台的实时性特征，立足于传统村落民居的调查建档可以对民居使用状况、产权关系和保存状况等信息及时更新，提出传统民居保护与更新方面的有效措施，避免了传统民居调查以纸质档案保存而成为"死"文件的问题。在传统村落出现新功能需求时，设计师既能结合数字博物馆民居档案筛选合适的民居进行改造更新，又能通过互联网的平台方便投资者、艺术家或商家等需求者查询选择信息，促进传统村落的乡村营建，以一种切实可行且积极主动的方法实现村落的可持续发展。

②非物质要素

与城市不同，乡村拥有独特的物质空间、传统文化和民间风俗，具有较深厚的文化底蕴和历史价值。传统村落数字博物馆的信息整合除物质空间的基础信息外，还包含以下非物质文化内容：第一，村庄的村落选址格局、口述历史、村规民约、族谱村志等历史资料；第二，村落保有的非物质文化遗产及传统生产生活方式、社会网络关系、民俗风情、民间技艺等；第三，村落保护和发展的相关管理制度与政策等。这三方面内容以文字、音频、视频、图片、全景等数字化形式保存展示，并通过实时动态更新进行数据的补充迭代。

乡村数字博物馆平台充分翔实地整合汇集传统村落的历史文化与物质空间，并以多种展示方式呈现，避免了对福林村单一文化的理解缺漏。以文化解译的思路挖掘和解读村庄智慧和价值，传承传统文化。另外，这些多元信息的网络展示在一定程度上吸引更多的人群关注并参与到传统村落乡村振兴及研究中，为保护和发展传统村落发挥重要作用（图 3-8）。

图 3-8　福林村非物质要素简表

2. 实际发展——平台搭建

（1）VR 展示

团队使用无人机航拍倾斜摄影技术以数字化的方式建立福林村整体风貌的全景模型，游客可以通过航拍模型线参观福林村的整体风貌，更全面地了解整个村域信息。福林村数字博物馆共有 6 个全景视点，包括 2 个村落全景、1 个古街全景和 3 个重点建筑（图 3-9），航拍点全景覆盖福林村的地理人文信息、重点建筑信息和民俗非遗等，在重点建筑和全景中以建筑或村域的三维模型热点链接。

VR 点位的选择覆盖整个村域以及重点建筑等物质要素，游览者登录网页后可拖动鼠标观览福林村整体村貌。此外，游客也可通过单击兴趣点图标的形式进入深层次页面获取信息，以图片浏览的形式了解福林村不同建筑的基本特征。网页共包含 42 个兴趣点，范围覆盖近代侨建居住建筑、宗教建筑和近代福林村标志性建筑等。在上述 42 个兴趣点的基础上，福林村数字平台对清源别墅、福林寺、下大群厝、古街以及村东头等六处建筑重点展示，通过点击相应图标即可跳转到相应的建筑位置，观察建筑的全景形态，了解建筑的基本概况。

与传统的图像浏览形式相比，在线 360° 全景图像浏览的形式使游客对福林村的观察更为直观，促进了福林村建筑艺术文化的传播。另一方面，除了记录物质环境之外，数字博物馆还涵盖了人文历史方面的各种信息，便于浏览者以全局视野审视福林村落的物质和非物质文化，弥补了传统图文形式不直观和实地游览形式不便捷的问题。

图 3-9　福林村数字博物馆界面

（2）互动反馈

全景浏览支持多样化的交互功能，游览者可通过网页下方的图标点赞、留言或分享截图。游客和相关人员可通过留言板块沟通，甚至通过该板块为福林村的发展建言献策，相关信息将实时反馈并推送至后台，后台整理后向相关管理者反馈，实现全民参与福林村乡村振兴的模式（图 3-10）。

图 3-10　福林村数字平台展示页面

3.3　福林村通安古街数字博物馆

3.3.1　项目背景

通安古街始建于 1927 年，是在华侨主导下建设的首个福林村商业街区，在漫长的发展过程中不仅留下了精彩的人物印记，而且成为近代华侨爱国爱乡思想和在闽投资史的有力体现和重要见证，是福林村商业变迁以及华侨史的浓缩。有关通安古街侨乡骑楼的建筑测绘、记录和研究，对挖掘福建侨乡的文化内涵、整合建筑文化资源和激活侨乡经济具有重要意义。

在互联网信息技术飞速发展的大背景下，对福林村通安古街的侨乡建筑遗产和历史民俗文化进行数字化转译是保护和传承文化的一种手段，其目标在于营造历史建筑数字化虚拟空间，丰富公众参与的体验性，保护侨乡建筑遗产和延续侨乡文化内涵，结合数据留存、信息提取、展示传播三个层次构建数据库信息平台。数字博物馆运用空间分析技术辅助规划、设计及科研等，促进传统村落的保护，以虚拟旅游的服务形式满足传统村落文化传承、传统村落未来发展规划和虚拟旅游的需求。

3.3.2 前期调研及建档

在前期，团队通过建筑测绘、访谈、历史资料的收集与整理等多种方式掌握了福林村通安古街的建设背景、建筑特征、发展脉络和现状特征等相关信息。

在现状建筑调查和存档层面，团队分析和筛选了通安街现存建筑，并通过三维扫描、无人机倾斜摄影、手工测绘等方式对风貌各异的侨乡建筑的营造法式、尺寸、结构、材料、纹样等进行了细致入微的测绘记录，内容涉及具有闽南传统风格的建筑构件、南洋风格的水磨石柱、各种精巧的雕花、剥落的壁画等，范围包括建筑外观和建筑内部空间。

除了对建筑进行测绘，团队还通过村民的口述充分了解古街建街史、古街曾经的业态和古街后期发展演变史，获得了真实、珍贵的史料信息，结合村中侨批内容为福林侨乡文化的挖掘和历史还原提供了前期材料（图3-11）。

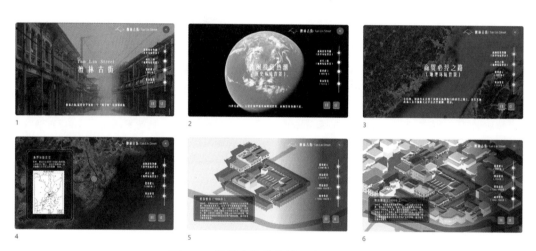

图 3-11　檀林古街数字博物馆页面概况

3.3.3 通安古街数字化平台搭建

在福林村通安古街细致调研的基础上，团队提取通安古街的历史文脉和建筑特色进行数字化转译，并以数字博物馆的形式呈现。福林古街数字博物馆基于 Unity 程序搭建，其服务对象为福林村当地村民、移居海外的福林侨胞和外地来访游客。程序可以同时发布于电脑端和手机端，电脑端可用于当地村史宣传展示和海外侨胞了解家乡发展变化的平台，手机端则更多地面对到访的游客，其中虚拟游览部分可以帮助游客快速了解福林村的发展历史、侨乡文化、村中业态和旅游导览。

福林古街数字博物馆的设计分为前世今生、观澜古街、活力古街、云游福林四个展示部分（图3-12）。

第一部分"前世今生"主要通过视频演示的方式展示通安古街从 1937 年建街至今

的发展历程和兴衰变化。本部分数据主要来源于村民访谈、村史材料、侨史侨批等，团队通过大量资料的搜集确定了古街发展格局及大致脉络，借助数字建模的方式搭建古街的数字化模型，再通过动画演示的方式展示古街的发展演变（图 3-13）。

图 3-12 檀林古街数字博物馆页面

图 3-13 "前世今生"部分

第二部分"观澜古街"着重于展示通安古街的建筑遗产，对古街中具有重点侨乡特征的建筑以数字化建模的方式虚拟重建。团队在对古街建筑分类后深度剖析了每种建筑类型的做法工艺，并通过大量的资料分析每种建筑类型的在地化演变演绎，详细记录了每种类型建筑的现状信息、工艺特征、装饰特征、建筑材料和类型演变，以可交互易理解的方式向大众展示通安古街独具特征的侨乡建筑遗产（图 3-14）。

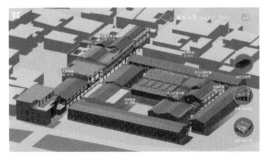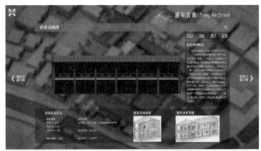
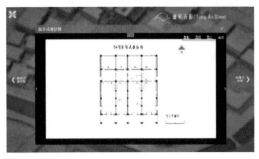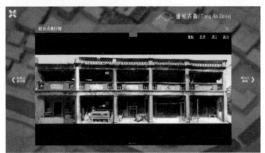

图3-14 "观澜古街"部分

第三部分"活力古街"根据古街的现状和优势对古街片区的未来发展作出展望。这一部分以古街的数字化模型为基础，通过数字化模式展出相关业态。在操作页面中游客从鸟瞰视角全面了解古街的整体业态，进入古街层面后细致地对旅行住宿、特色餐饮、创意手作、传统民俗、文化展览五个部分进行业态导览，还可以根据提供的信息提前制订大致的游玩计划。如果游客对某家店铺或展馆特别感兴趣，可以通过游览模式以第一人称的视角进入古街当中。目前程序所涉及的部分仅为古街片区，后期可以扩展至为整个福林村提供导览（图3-15）。

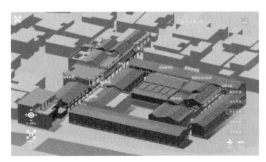

图3-15 "活力古街"部分

第四部分"云游福林"以网页形式展示，团队通过程序对福林村通安古街数字博物馆"云游福林"模块进行链接，用户点击即可跳转到福林村乡村博物馆平台。

3.4 闽南传统大厝书投楼营建工艺虚拟仿真数字化计算与智能呈现

3.4.1 项目背景

　　书投楼位于福林村西区，是村内极具代表性的华侨建筑。2021年5月，厦门大学建筑设计研究院应华侨业主委托对书投楼进行保护修缮。在保护修缮的基础上，团队应业主的需求，以数字技术介入的手段对书投楼建筑建模并引入VR虚拟仿真技术，通过数字平台的搭建为海内外的华侨和其他无法亲临福林村的人提供亲身感知福林村侨建建筑的机会，使其能直观地感受闽南传统建筑的营建工艺。

　　数字技术的介入在更好地指导测绘修缮工作的同时，也为传统工艺及优秀文化的传承提供了新的途径与契机。项目完成后多次在线上线下以数字形式展出，引来专家、领导、学者、游客等不同群体实地参观考察，并获得了政府部门的扶持与社会资本的关注。村庄及建筑知名度的提升也为未来的进一步保护和发展创造了条件与契机。

3.4.2 虚拟仿真技术辅助修缮

　　书投楼的营建工艺虚拟仿真数字化计算与智能呈现的前期工作集中于对历史资料的挖掘、建筑的测绘和存档。同时，书投楼营建工艺虚拟仿真数字化计算与智能呈现数字化平台的搭建与书投楼建筑保护、修缮工作是同步进行且相互支持的。在建筑修缮工作中，团队利用虚拟仿真技术对营建的工序、工艺进行数字重建辅助修缮设计，通过建立建筑遗产三维模型还原建筑本原面貌，并与业主确认空间原真性，从而不断优化建筑修缮方案。如此不仅为建筑修缮设计提供了新的手段，而且也是创作方法和概念的变革。

　　传统建筑的修缮建立在对历史考证和详细测绘的基础之上，早期普通的建筑测绘受到工具限制，加之古建筑空间和形态复杂，细节较多，人工传统测量耗时耗力，测绘结果往往不能精准地对建筑进行还原，数据较大的误差又影响修缮工作的质量。近年来随着三维激光点云技术的普及，越来越多的从业者和研究团队使用三维激光扫描仪对建筑进行精准扫描，全面记录传统建筑的物质空间，克服了传统人工测绘存在的数据误差和缺漏问题。但激光扫描仪也存在着一定的缺点，诸如无法采集不能进入的空间，造成传统建筑的信息缺漏。利用数字博物馆对村落和重要建筑建立实景模型，可以补充激光扫描仪对于屋面和倒塌部分数据较难采集的缺陷，从而实现传统建筑测绘数据的完整记录（图3-16）。另外，数字博物馆在勘察方面有利于建筑残损信息的判别，结合全景和虚拟仿真的可视化特性系统地对传统建筑的各个细节和结构进行展示，便于修缮设计人员分析建筑结构和空间，对主要结构构件的保存情况定损判断，对不易观察到的部位残损预判并标注，提高现场勘察的效率和针对性。

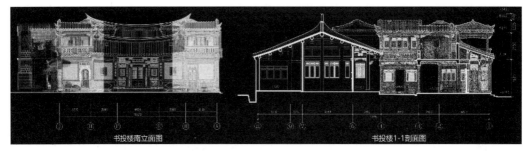

图 3-16　福建省晋江市福林村传统建筑"书投楼"勘察测绘图纸

在建筑修缮设计方面，因为建筑外观的视觉冲击最直接，所以传统建筑的外立面修缮成为传统村落历史风貌建筑保护成败的前提。传统建筑在漫长时间的蚕食和现代建设的冲击下，外观损坏或坍塌、门窗样式缺失等问题尤为突出，而修缮时遇到的无依据问题是修缮中的最大困难。传统村落数字博物馆集成村庄中重要历史建筑的三维模型档案，通过提取传统建筑外观获得立面数据库，分析建筑立面尺寸比例、材质和门窗样式，当数据库积累到一定程度后即可为倒塌严重的墙体提供形式和尺寸的参考依据，为缺失破败的门窗提供样式的参考，修复者可充分比对相似或相同类型的建筑特征复原样式尺寸。依靠数据库为修缮设计提供历史依据既做到了更科学地复原建筑的风貌，又避免了修复样式的单一和重复，还原了村庄整体形象的韵律感。

传统建筑的修缮保护具有长期性和反复性，因此数据库不仅能对当下的修缮设计起到参考作用，而且还能对若干年之后传统建筑的修缮或是毁坏后的重修提供莫大的历史依据。

3.4.3　数字化展示平台搭建

檀林书投楼数字博物馆平台利用数字技术对书投楼进行数字化处理，创造出虚拟可互动的展示形式，让观众突破时间和空间限制，通过网络或移动终端等随时随地在线欣赏博物馆展览。有利于加强海外侨胞与家乡的联系，发扬闽南传统文化。

计算机虚拟仿真技术让参与者从多方面感知建筑，通过佩戴 VR 设备全方位体验建筑的建造过程和实体建筑空间，体验临场感和交互感，更直观地感受闽南传统建筑的营建工艺，也是对亟待保护的非遗传统工序记录保存的新途径。虚拟仿真技术在辅助修缮设计的全过程中极大地提升了建筑设计的效率和质量，节约了生产建设成本（图 3-17）。

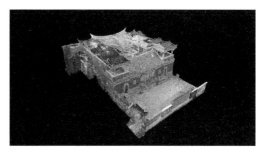

图 3-17　檀林书投楼数字平台展示

参考文献

[1] 陈刚.数字博物馆概念、特征及其发展模式探析 [J]. 中国博物馆，2007，3：88-93.

[2] 陈刚.智慧博物馆——数字博物馆发展新趋势 [J]. 中国博物馆，2013，4：2-9.

[3] 孙媛，佘高红，张纯.数字博物馆在传统村落文化遗产保护中的应用——以安徽歙县瞻淇村为例 [J]. 新建筑，2019，3：97-99.

[4] 袁圆.中国传统村落数字博物馆建设研究 [J]. 兰州教育学院学报，2017，33（7）：69-71.

[5] 数据来源：中国传统村落数字博物馆网站：http：//www.dmctv.cn/zxShow.aspx?id=150.

[6] 康璟瑶，章锦河，胡欢，等.中国传统村落空间分布特征分析 [J]. 地理科学进展，2016，35（7）：839-850.

[7] 刘林.无人机倾斜摄影测量技术在房屋测绘中的应用 [J]. 冶金管理，2019，5：67-68.

[8] 李贺楠，李燕，李政.胶东沿海地区渔村村落与民居的保护及更新 [J]. 沈阳建筑大学学报（社会科学版），2009，11（2）：135-139.

第4章 福林村优秀历史建筑测绘图

图纸目录

参与测绘与绘图人员

崇　德　楼：2015 级本科生金素贤、张亚瑞、杨彦之、郭毓婷

春　晖　楼：2012 级本科生冯嘉贤、黄文灿、柯伟宏、任强、王书炜、杨冰

书　投　楼：2017 级研究生游玉峰、黄文灿，2018 级研究生刘小溪

热爱祖国楼：2015 级本科生冯艺媛、仇嘉卉、汪倩文、陈威宇

清 源 别 院：2021 级研究生倪荣清，2022 级研究生邓诗妍、崔苏苏、余章篇

慈　恩　楼：杨志贤、庄严

端　　　园：2012 级本科生冯嘉贤、黄文灿、柯伟宏、任强、王书炜、杨冰

金　星　楼：杨志贤、庄严

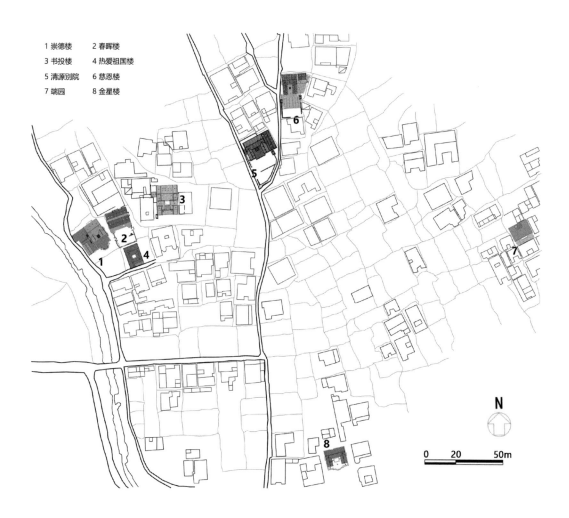

1 崇德楼　　2 春晖楼
3 书投楼　　4 热爱祖国楼
5 清源别院　6 慈恩楼
7 端园　　　8 金星楼

N

0　　20　　　50m

图 4-1

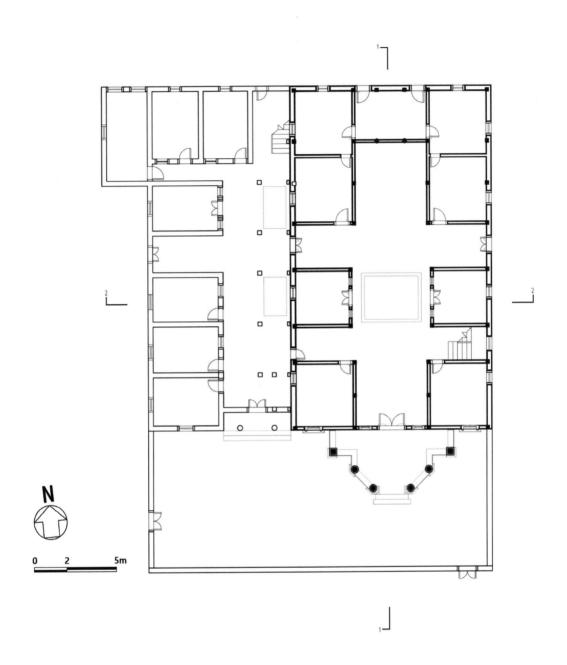

图 4-2

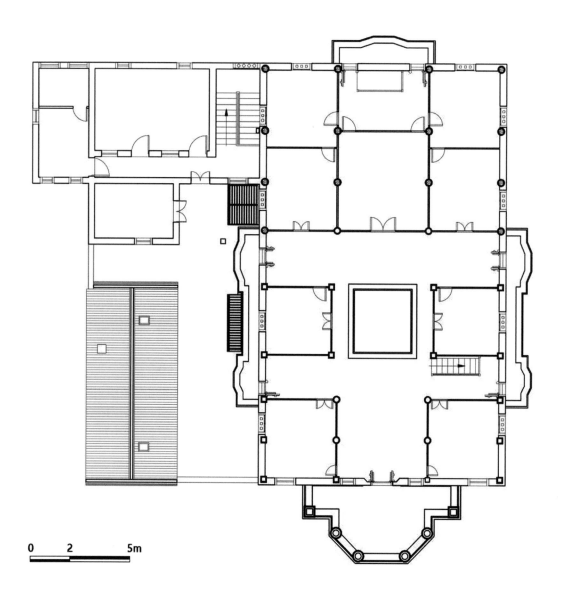

0　2　　5m

图 4-3

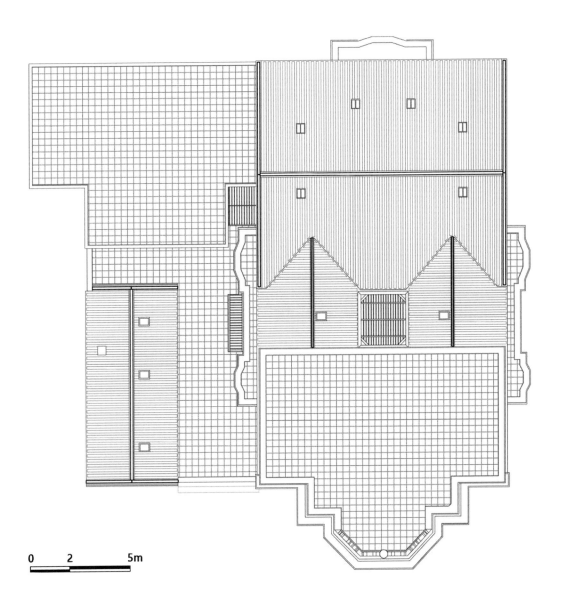

0 2   5m

图 4-4

0 2   5m

图 4-5

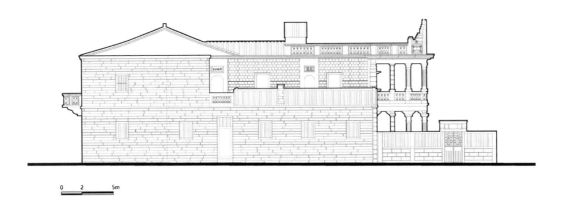

图 4-6

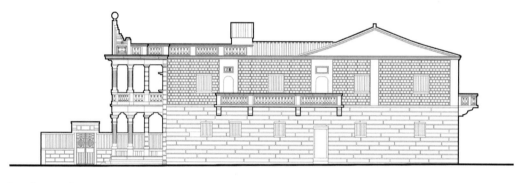

0 2   5m

图 4-7

0　2　　5m

图 4-8

0   2   5m

图 4-9

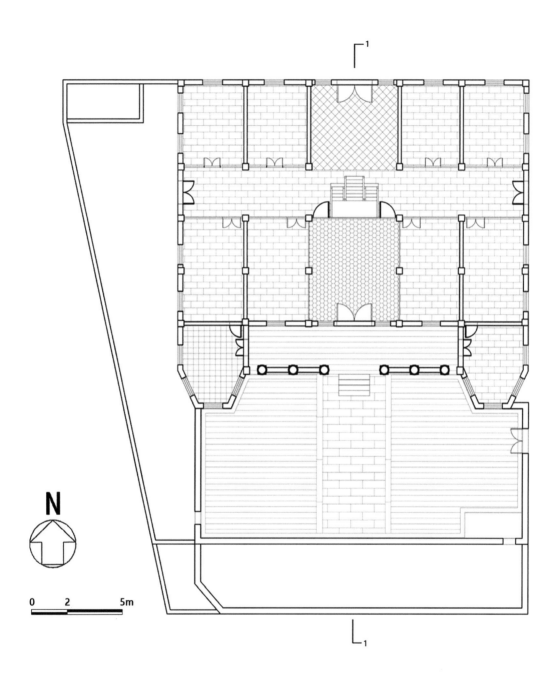

图 4-10

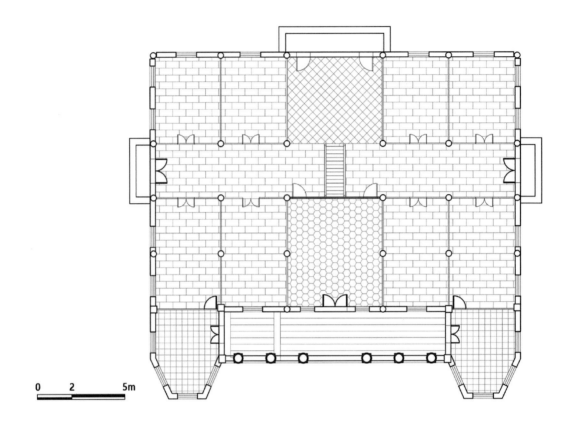

图 4-11

0　　2　　5m

图 4-12

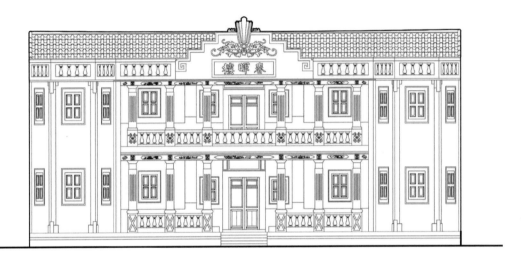

图 4-13

图 4-14

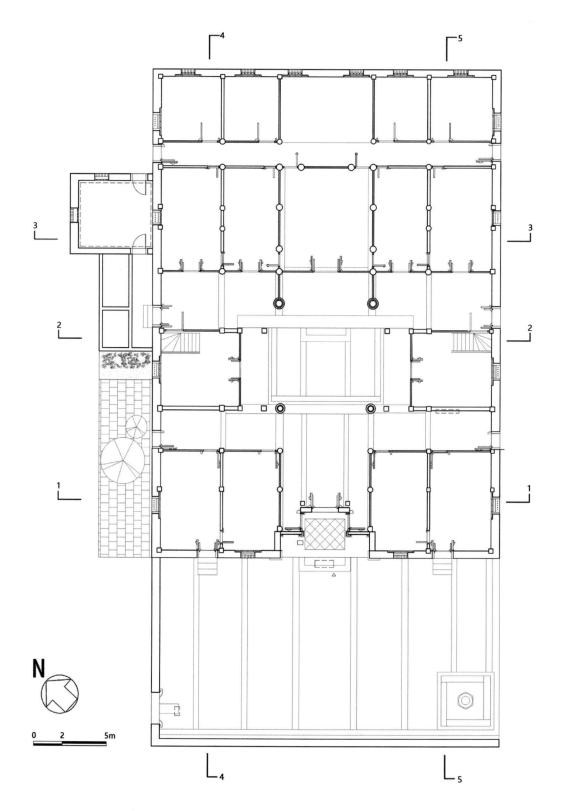

图 4-15

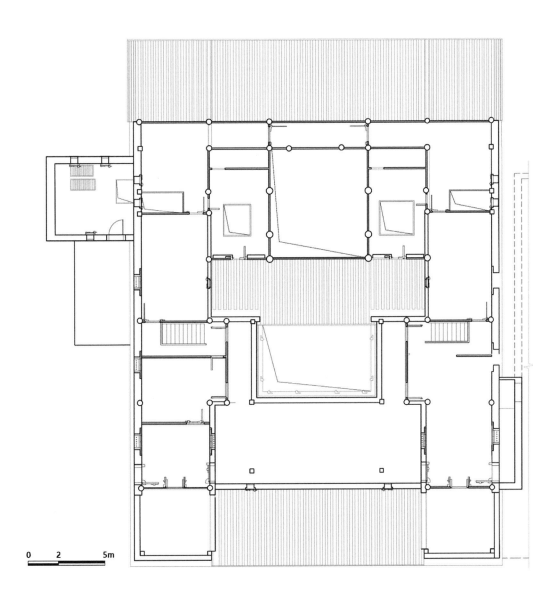

0 2   5m

图 4-16

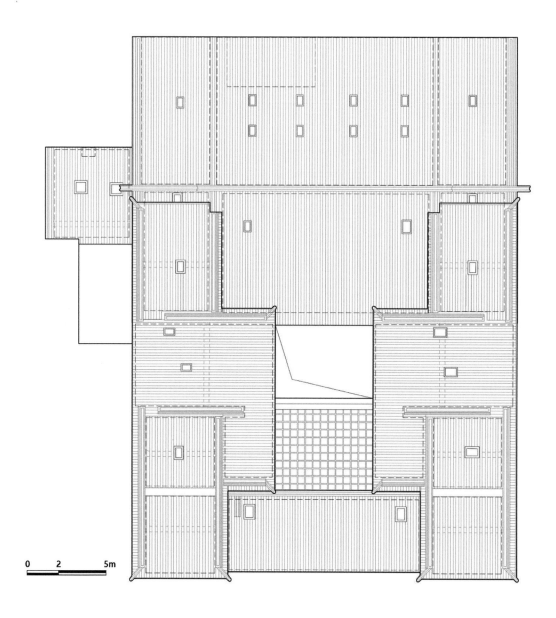

图 4-17

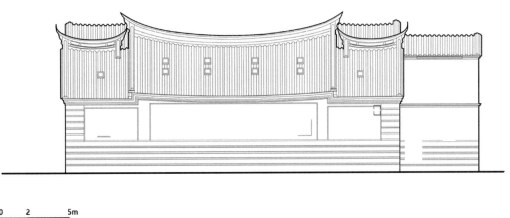

图 4-18

图 4-19

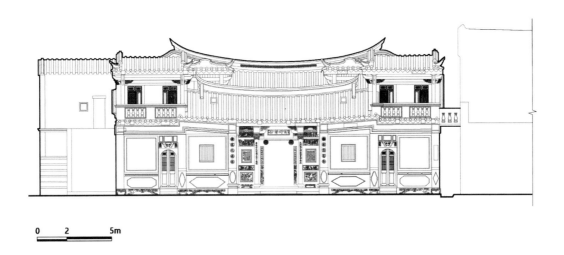

0 2 5m

图 4-20

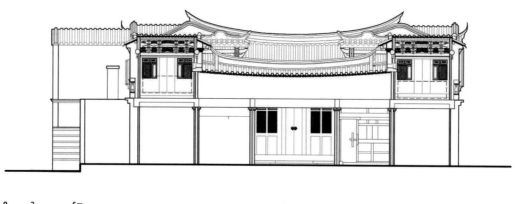

图 4-21

0　2　5m

图 4-22

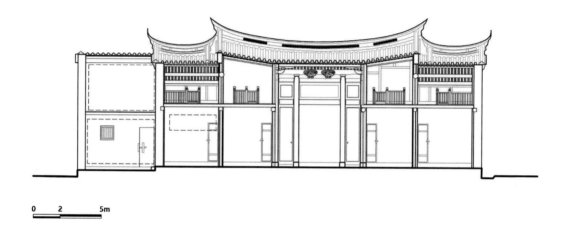

图 4-23

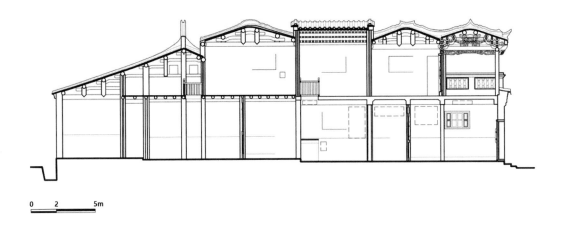

0 2 5m

图 4-24

图 4-25

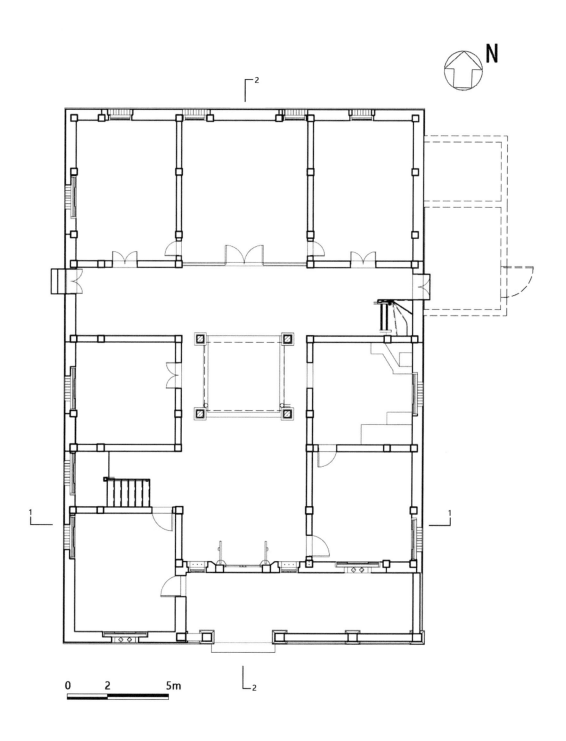

图 4-26

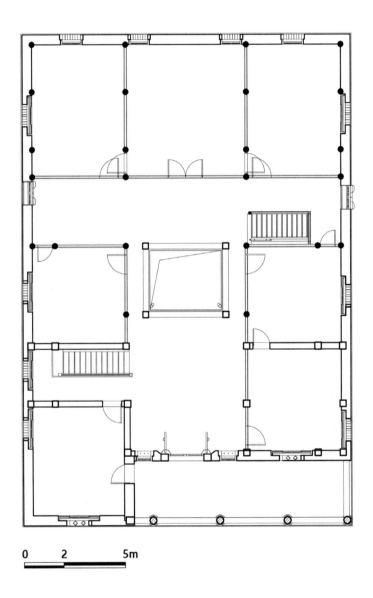

图 4-27

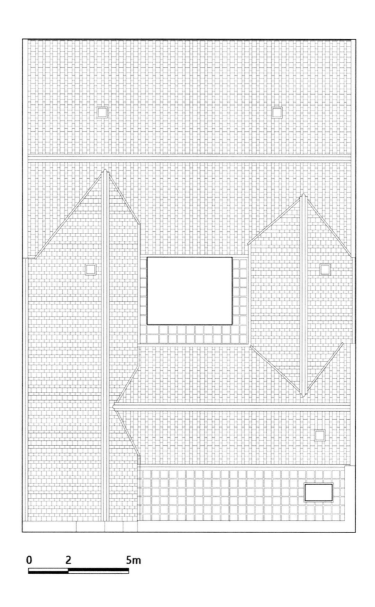

0　　2　　　5m

图 4-28

0   2   5m

图 4-29

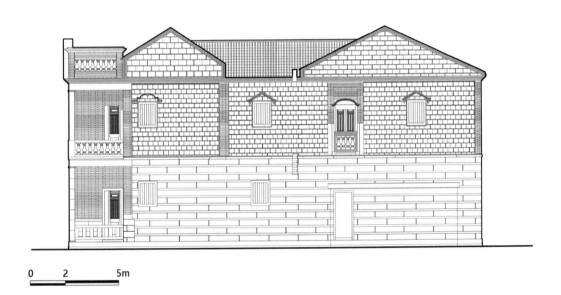

0   2   5m

图 4-30

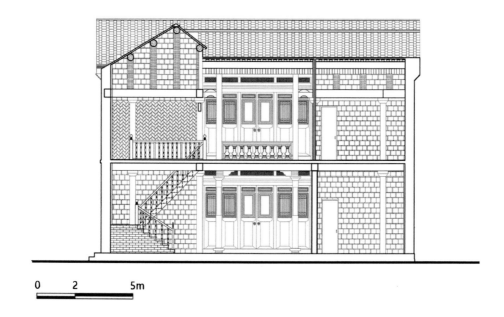

图 4-31

图 4-32

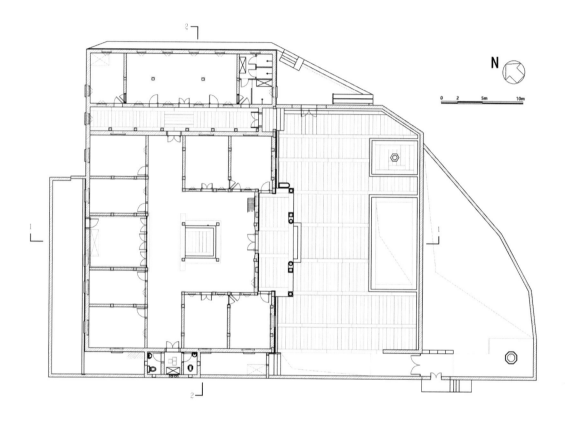

图 4-33

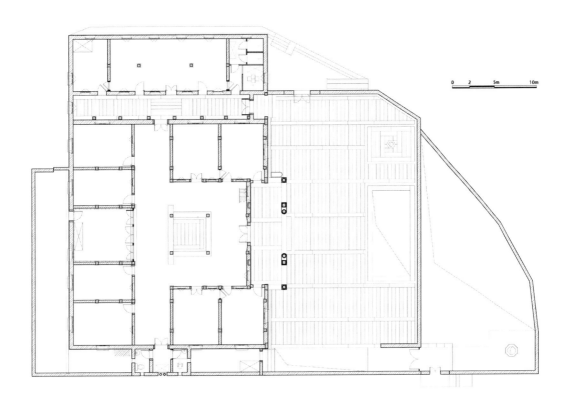

图 4-34

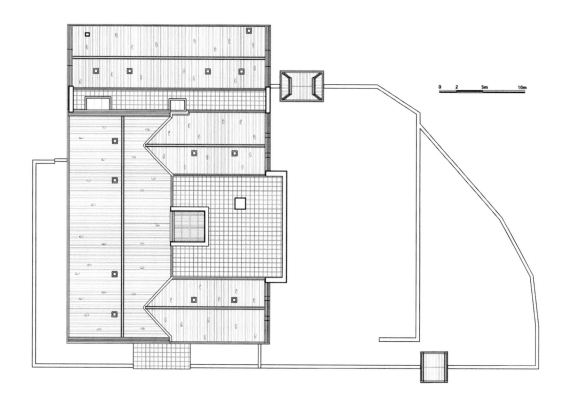

图 4-35

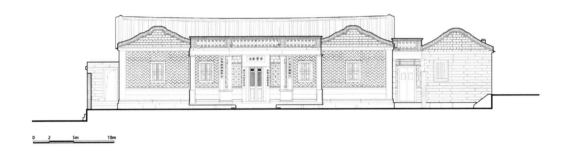

图 4-36

图 4-37

图 4-38

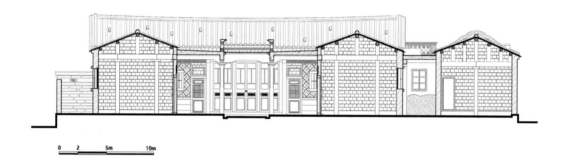

图 4-39

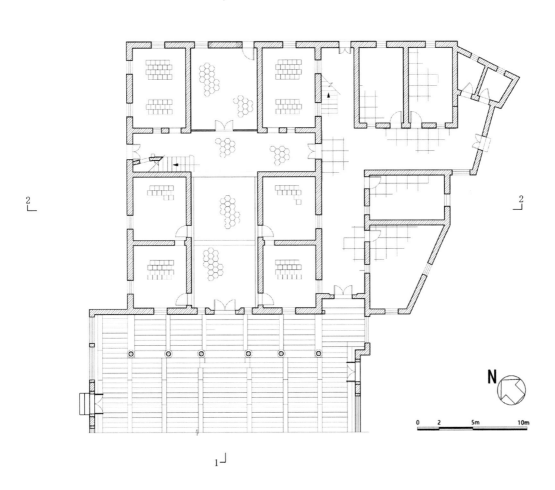

图 4-40

137

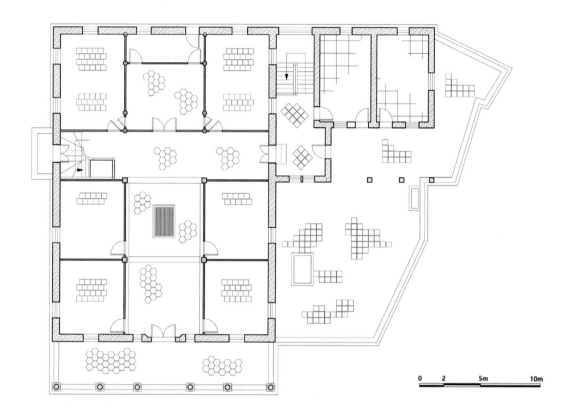

图 4-41

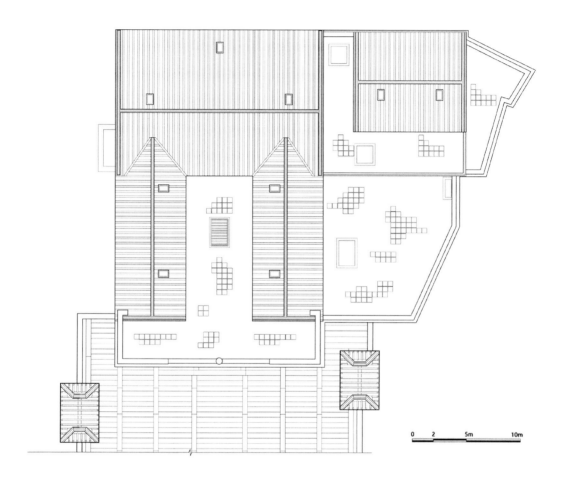

图 4-42

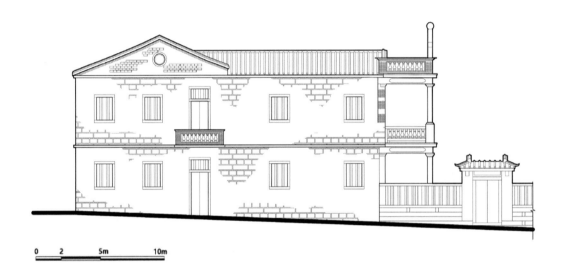

0 2   5m   10m

图 4-43

图 4-44

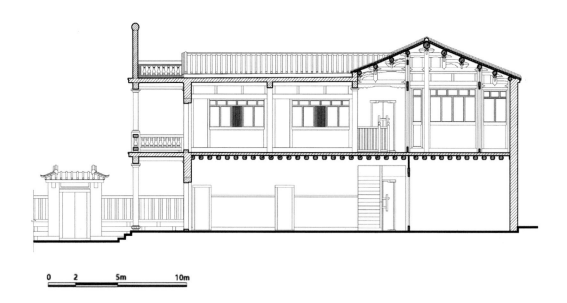

图 4-45

图 4-46

143

图 4-47

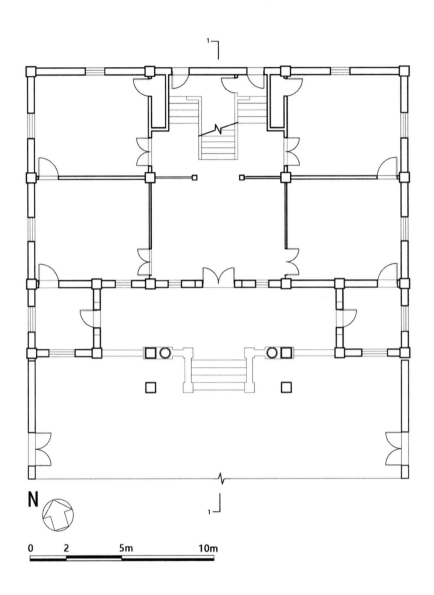

图 4-48

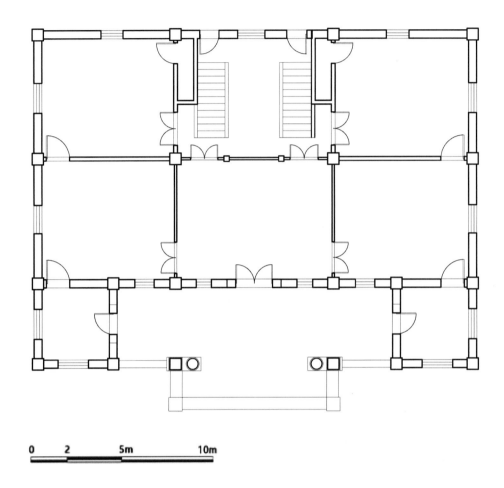

图 4-49

图 4-50

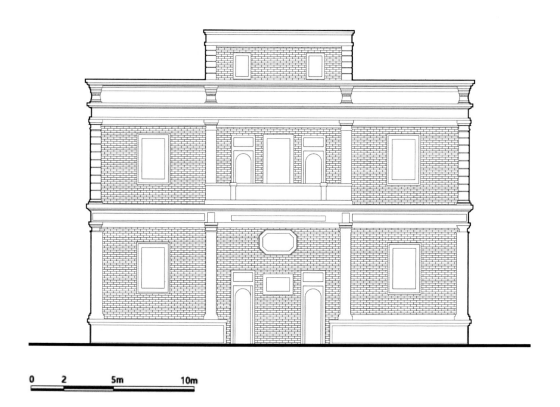

图 4-51

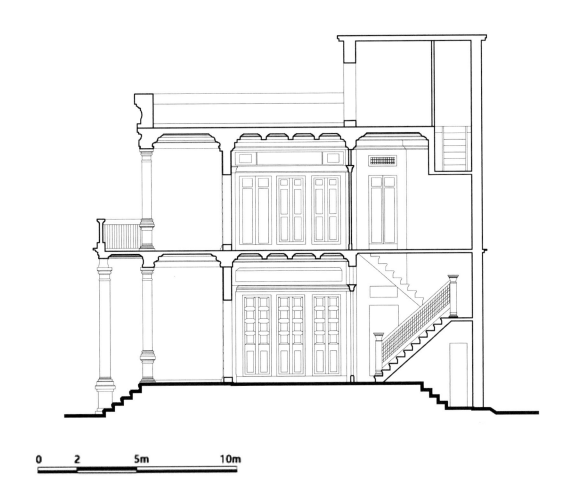

0　　2　　　5m　　　　　　10m

图 4-52

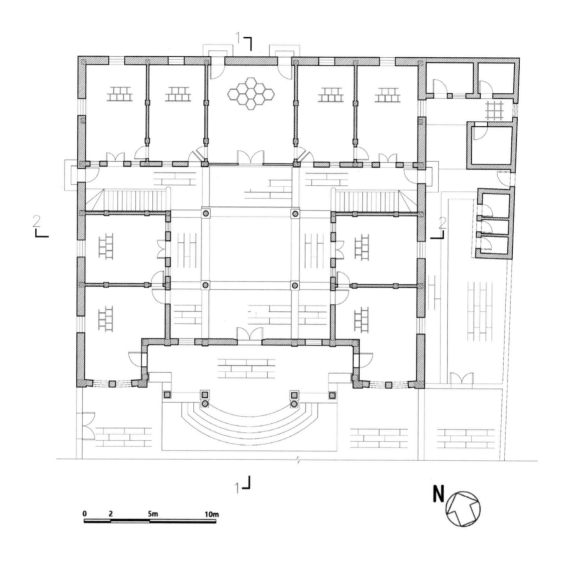

图 4-53

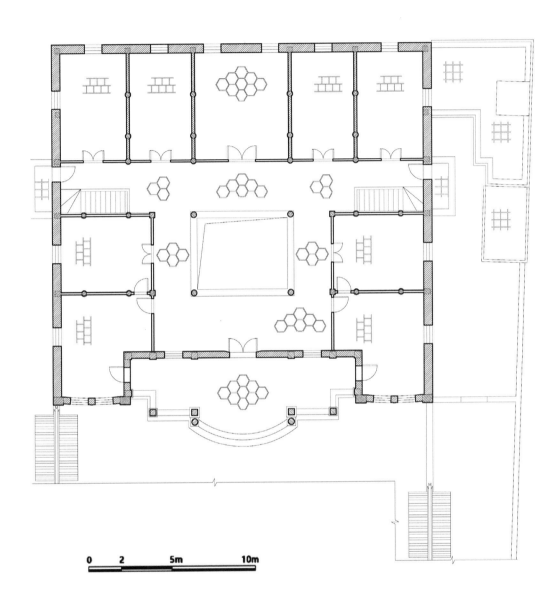

图 4-54

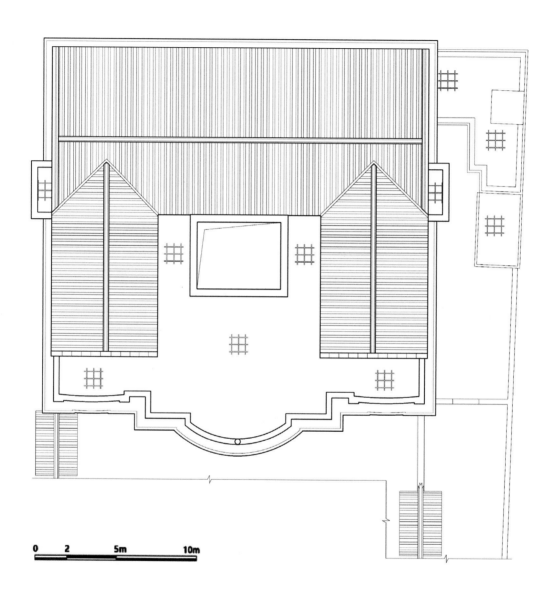

图 4-55

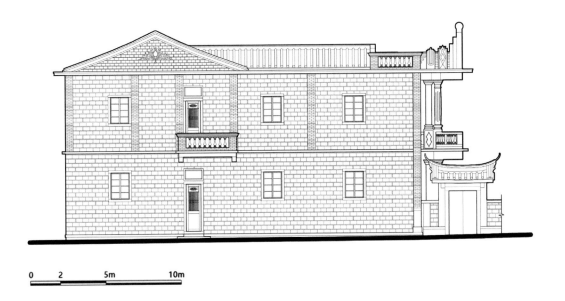

0　　2　　　5m　　　　10m

图 4-56

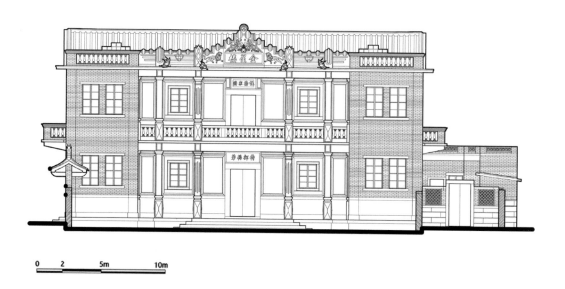

图 4-57

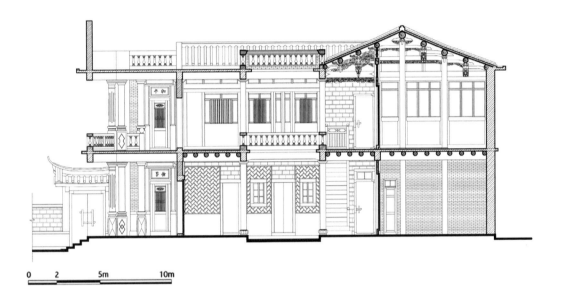

0　　2　　　5m　　　　10m

图 4-58

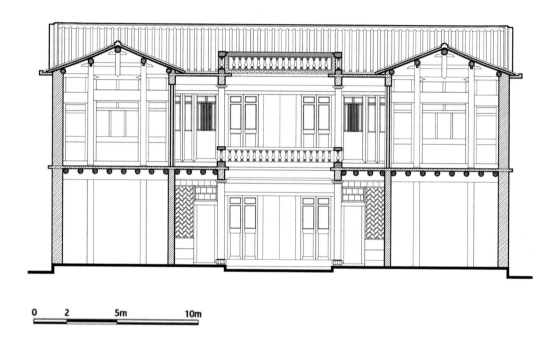

0　　2　　　5m　　　　　10m

图 4-59

图 4-60